一作就愛上の
可愛口金包

Contents

扁平口金包

以基本口金包作法縫合前後片的口金包款式。
第一次接觸口金包的初學者，就先從這款開始入門吧！

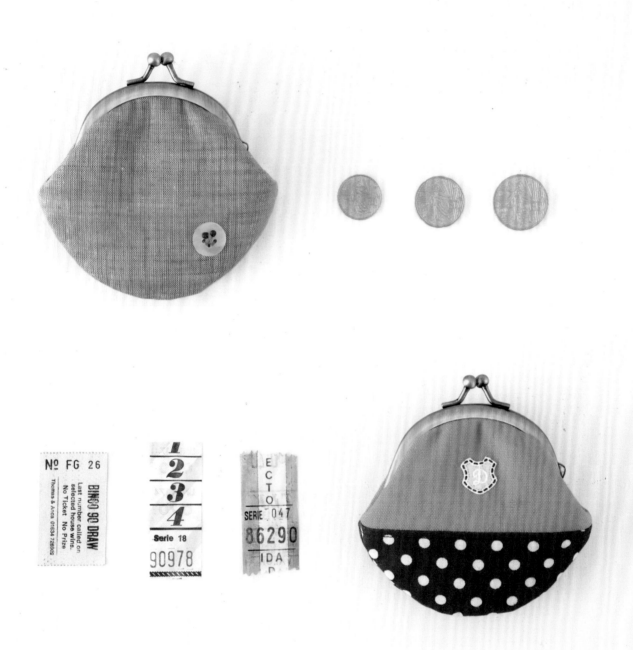

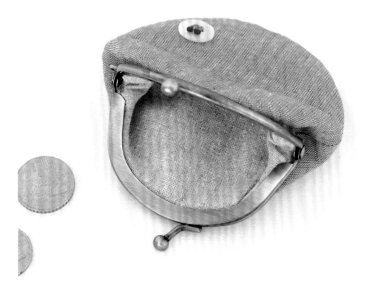

1. 基本款口金包

以繡線＆珠珠穿過五孔鈕釦，繡出花朵
造型作為裝飾，並縫合兩片袋身布作成
沒有側幅的簡單款口金包。

Lesson p.06

design&make　くぼでらようこ（dekobo工房）
（作品1・2）

2. 拼接口金包

以點點布＆亞麻布拼接成與作品1相
同的包型，再以蕾絲花片作為裝飾
點綴。

how to make p.50

1. 基本款口金包 *photo p.04*

指導／くぼでらようこ（dekobo工房）

完成尺寸... 寬約10.5×高約9cm
（不包含珠鈕）

材料... 亞麻（粉紅色） 30×12cm
亞麻（原色） 30×12cm
棉襯 30×10cm
Cosmo 25號繡線 119適量
圓玻璃珠 紅色2個
直徑1.5cm鈕鈕 1個（5孔）
口金 7.8×4.5cm（BK-772／INAZUMA）
紙繩

原寸紙型... A面［1］-1表布・裡布

裁布圖...

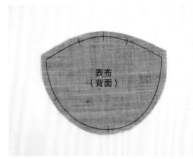

亞麻（粉紅色）

表布（2片）
12
30

亞麻（原色）

裡布（2片）
12
30

※ ▨▨ 燙貼棉襯。

1. 準備作業

1. 準備材料&用具。
※為了容易了解，作法示範皆以鮮豔的線材縫製。

2. 將表布&裡布各自畫上完成線&中心&返口記號。

表布（背面）

3. 在表布背面的完成線內，燙貼上裁剪好的棉襯，並注意不要貼到縫份上。

棉襯
表布（背面）

2. 縫上鈕鈕   ※只在前片縫鈕鈕。

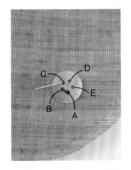
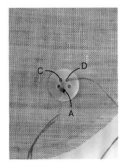
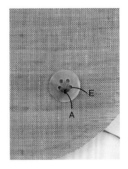

1. 將鈕鈕放在表布上的鈕鈕預定位置，以2股繡線打結之後，在A&B間穿繞三次後過線，再從C出針。

2. 從A入針接著從D出針，再從A入針。

3. 在E&A間穿繞三次之後在背面打結固定&剪線，完成葉片及花梗。

4. 以2股縫線打結，從C出針。穿過珠珠後再從C入針&拉線。

5. 接著在D孔處一樣穿上珠珠，打結後剪線。花朵完成！

3. 縫合前後片

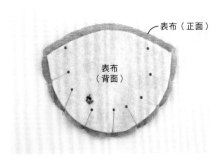
表布（正面）
表布（背面）

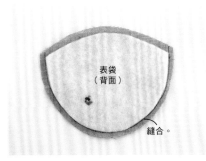
表袋（背面）
縫合。

裡袋（背面）
縫合。

1. 將2片表布正面相對合，並以珠針固定。

2. 縫製脇邊線，製作表袋。

3. 將2片裡布正面相對合，縫製裡袋。

表袋（背面）

表袋（背面）　裡袋（背面）

表袋（正面）

4. 以熨斗將縫份倒向單側。使表袋縫份倒向後片（沒有縫鈕釦那側）。

5. 使裡袋縫份倒向前片。

6. 將表袋從袋口翻回正面。

4. 縫合表袋&裡袋

表袋（正面）
裡袋（背面）

縫合。
返口

1. 使表袋&裡袋正面相對，放入裡袋內。

2. 對合袋口&以珠針固定。

3. 留下返口不縫，沿著袋口縫合一圈。

4. 從返口將表袋拉出，翻回正面。

5. 將裡袋放入表袋中，以熨斗燙整袋口，再將返口縫份往內摺。

6. 在袋口縫繡一圈。

5. 準備紙繩&口金框

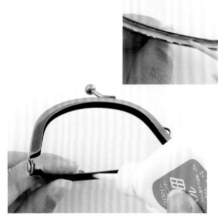

1. 將紙繩對摺裁剪。紙繩粗細請對照口金框溝槽寬度&布料厚度作調整。將紙繩&袋口塞入口金時略緊的程度剛剛好。

2. 將紙繩對摺，在中心處作標記。

3. 在口金框溝槽塗白膠，再以牙籤將口金框槽整面塗滿。要注意白膠如果塗太多，塞入袋布會溢出來，溢出來時請以濕布擦拭。

6. 裝接口金框

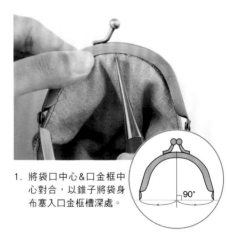

1. 將袋口中心&口金框中心對合，以錐子將袋身布塞入口金框槽深處。

2. 為了作出鼓脹的袋型，袋身設計得比口金框略大一些，請一邊以錐子將脇邊調整到鉚釘位置，一邊從中心往脇邊塞入。

3. 對合紙繩中心&口金框，以錐子壓入口金槽，再以錐子從中心往脇邊側壓入。

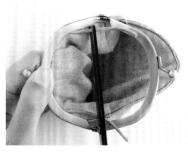

4. 剪去多餘紙繩。

5. 以一字螺絲起子將外露的紙繩壓入。紙繩如果沒有塞到深處，從口金框邊稍微凸出一些也OK。

6. 紙繩完全塞入口金框的模樣。等待白膠乾燥。

7. 裝接對側的口金框

裡袋
（正面）

表袋
（正面）

1. 對側的口金框溝槽也一樣塗上白膠。

2. 對合袋口&口金框中心，以錐子塞進去。並確認袋身的脇邊位置與鉚釘對齊。

3. 對側框槽也一樣塞入紙繩。

8. 壓緊脇邊

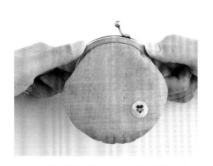

↑
移開墊布的模樣。以鉗子尖端對在口金框的彎角邊上。

完成！

1. 以手指從袋中將鉚釘下半部的袋布推出&調整形狀。

2. 為了不刮傷口金，請放上墊布之後再以鉗子將口金框腳四端夾扁。

白膠乾燥之後就可以使用囉！

打褶口金包

在底部兩脇邊打褶縫合的口金包。
袋底比扁平袋款較膨，適合用來收納略有厚度的物品。

3. 智慧手機收納包

在裡袋背面燙貼布襯作為緩衝，拿來收納
重要的物品吧！

how to make *p.51*

design&make ヨシコ（作品3至5）

口金框／角田商店、布料／Meric（Liberty印花布）

4. Liberty印花口金包

表布使用細平布時，先燙上薄布
襯再燙貼上棉襯，就能作出圓潤
豐滿的口金包喔！

how to make p.52

5. 剪接口金包

剪接Liberty印花布與主布重疊縫
合，並夾入滾邊布作為重點裝飾。

how to make p.52

口金框／角田商店、布料／4···Hobbyra-Hobbyre · 5···Hobbyra-Hobbyre（Liberty印花布）· fabric bird（亞麻）

底側幅口金包

由於底部有側幅設計，適合用在想收納許多物品的時候。
側面＆底部接續在一起，所以使用印花布料時請注意對位方向。

6. 卡片收納包

挑選帶有美味色彩的方塊珠釦口金框，再搭配上花
朵印花布，完成色彩鮮豔的口金包。

how to make *p.53*

design&make 岡田桂子（flico）（作品6至9）

7. 迷你口紅收納包

以小巧的口金框搭配上細長的袋身，
作成口紅包。只要垂吊上鍊子，就不
怕在混雜包包裡找不到囉！

how to make *p.53*

8. 帆布筆袋

選用長邊短腳的口金框,將側幅縫
大一些作成筆袋,再鉤上流蘇&琉
璃珠作為裝飾。

how to make　p.54

9. 北歐風眼鏡收納包

兩山造型的口金框正適合用來製作眼鏡包。選用可愛
的北歐花樣布料,並在脇邊夾入布標作出點綴色吧!

how to make　p.54

抓皺口金包

將布料抓皺作出圓弧膨脹狀，使布料呈現不同的風貌，可愛感更加倍！
以下將介紹兩款不同作法的抓皺口金包。

10. 抓皺口金包

在裝接口金框的袋口處打褶，尺寸正適合
用來收納裁縫工具。

how to make p.55

design&make
すずきあいこ
（作品10至12）

11. 拼接皮革包

以縱向拼接作出與作品10相同的口金包款。
統一繡線＆口金珠釦的色彩就能作出整體感。

how to make p.55

12. 拼接抓皺口金包

橫向拼接之後，再打褶使袋布膨起。選用柔軟的布料就能營造出帶有復古氛圍的包款。

how to make p.56

13. 宴會包

在附環的口金框上鉤接鏈條的口金包，
以純白感呈顯出清新的設計。

how to make p.57

design&make すずきあいこ

口金框・附鉤環鍊條／INAZUMA

布袋口金包

配合圓弧狀的側幅，作出立體口金包。
以十字在底部接縫側幅的設計，安定感絕佳！

14. 附配件口金包

以配件為重點裝飾，提升了女孩兒氛圍的口金包。
側面的布料＆口金框的珠釦色彩搭配一致。

how to make *p.58*

15. 十字繡＆附配件口金包

藍×白的清爽色調，加上十字繡＆配件，散發柔軟
手作感的設計。

how to make *p.58*

design&make 茂住結花（mocha）（作品14‧15）

圓底口金包

圓形袋底的口金包。作成直立形時能當作筆袋，
將縫合處打細褶則能完成大容量的口金包。

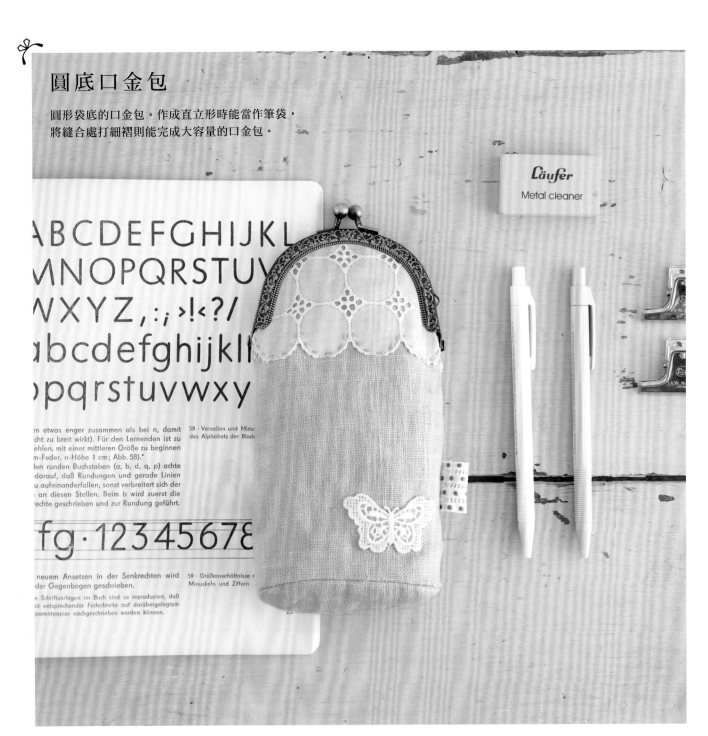

16. 直立形蕾絲筆袋

以太陽花樣的蕾絲布料當作點綴，
再配合上雕有花紋的口金框。

how to make p.59

design&make 茂住結花（mocha）（作品16・17）

17. 玫瑰印花抓皺口金包

在底部打細褶作出鼓脹的包型，並以回針縫接縫口金框
& 袋身。

how to make p.60

脇邊側幅口金包

在脇邊縫上側幅，作成圓滾可愛的造型口金包。
將側幅的寬度作成寬大的圓形，就完成了俵型造型。

18. 迷你口金雙胞胎
以亞麻＆花朵印花布組合而成的自然風口金包。
配上搖曳的棉花珍珠作成套組吧！

Lesson p.36

design&make 田中智子（LUNANCHE）（作品18至20）

19. 迷你口金雙胞胎

以作品18的包型變化加上蕾絲＆十字繡，並掛上以
側幅相同布料作成的流蘇，是相當時尚的口金包。

how to make p.61

20. 迷你蕾絲口金包

使用手縫款口金框的口金包。以波浪蕾絲布料配上
緞帶＆珍珠，作出優美的風格。

how to make p.62

21. 華麗風手提包

寬側幅的圓筒包型。統一黑白色調,並在帶有裝飾的口金框上鉤接鍊條的高雅口金包。

how to make p.63

design&make 田中智子(LUNANCHE)(作品21・22)

22. 波士頓包

將側幅作成接近圓形的形狀，完成大容量的波士頓包款。

how to make   p.64

連底側幅口金包

將側幅從脇邊連接到底部的口金包。
三款口金包都縫上了相同的十字繡花樣，成套的組合令人好想全部作齊呢！

23. 相機收納包

在中心縫上瑪格麗特的刺繡花樣。
為了能夠簡單地從包包中取出，而
特意加上了相同布料的吊飾。

how to make p.65

24. 亞麻刺繡口金包

以配布繡上十字繡之後，將周
圍裁剪作成徽章，當作裝飾點
綴在口金包上。

Lesson p.38

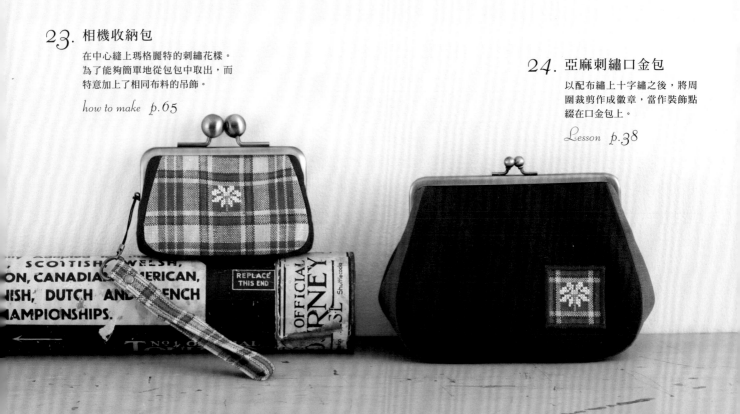

25. 條紋斜背包

以十字繡繡製格子背景&瑪格麗特。提把則接連於
夾在側幅&表袋間的布耳上。

how to make p.65

design&make 安田由美子（NEEDLEWORK LAB）
（作品23至25）

口金框・D圈・提把／INAZUMA、布料／little Stitch

箱形口金包

以半邊的口金框作為蓋子使用的箱形口金包。
小巧尺寸可以當作飾品收納包,橫長形的包款則可以作為化妝品收納包使用。

26. 飾品收納包

縫上緞帶的設計直接拿來送禮也OK!
製作時,一邊確認緞帶位置,一邊裝接口金框吧!

how to make p.66

design&make くぼでらようこ(dekobo工房)(作品26・27)

27. 化妝品收納包

以羊毛布料裝飾上簍空蕾絲，作成口金包收納化妝品吧！內裡加上鏡子相當方便唷！

how to make p.64

夾層口金包

內藏夾層的口金包。
設計成能夠輕鬆收納卡片＆錢幣，令人高興的尺寸。

28. 零錢＆卡片收納包

正中間放錢幣，兩側夾層還能收納許多卡片唷！
夾層的作法要仔細確認順序喔！

how to make p.68

design&make Love*Lemoned*（作品28・29）

29. Liberty印花長夾

內裡有卡片袋＆附拉錬的零錢袋，使用起來非常便利的長夾。

how to make   p.70

親子口金包

使用親子款口金框的口金包。打開外側的口金框，內裡還有一個口金夾層。
推薦在想將物品分開收納時使用的口金包。

30. 牛仔口袋口金包

設計成牛仔褲口袋般的可愛口金包。
裝飾線請自由挑選自己喜歡的色彩。

how to make p.72

design&make 米田亜里（mini-poche）（作品30・31）

31. 蕾絲點點口金包

換上長提把就能當作斜背包使用，內裡還有便利的
拉鍊口袋呢！

how to make *p.74*

夾層口金包

正中間接有一片隔層的口金包，
可以依幣額來分置零錢很方便喔！

32. 零錢收納包

以條紋、點點、印花三種相同色系的布料製成。
首先，從隔層開始作起吧！

how to make *p.75*

design&make 米田亜里（mini-poche）

口金框／角田商店

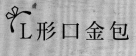

L形口金包

使用特別造型的L形口金框，口金開口從斜邊打開。
小尺寸可作為卡片收納包，大尺寸包款則作成袱紗包。

33. 卡片收納包

以塑膠防水布作成抗汙性強的卡片收納包，
也適合拿來當作名片夾。

how to make　p.76

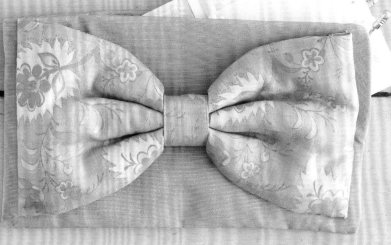

34. 袱紗包

在婚禮等場合也相當適合使用，有著大緞帶蝴蝶結的甜美風袱紗包。
緞帶＆表袋的色彩搭配也充滿了樂趣！

how to make　p.77

design&make 伊藤由香（＊Coko Works＊）（作品33‧34）

雙口金包

在口金包前側再縫上一個口金包。
將想要立刻取出的物品放進去，靈活地應用吧！

35. 復古印花斜背包

口金包前側＆後側以不同布料作成掀蓋包。
將接縫在外的口金包放置車票來使用也很方便哩！

how to make p.78

design&make　くぼでらようこ（dekobo工房）

以相同口金框，作出多種袋型の口金包！

就算使用相同的口金框，
只要改變袋身形狀就能作出各式各樣的口金包。
依設計不同，一種款式的口金框也能變換出各種造型。
自由挑選布料作出喜歡的口金包吧！

口金框
BK-1075
（INAZUMA）

p.14…10　　　*p.14…11*

口金框
F-24
（角田商店）

p.11…4　　　*p.11…5*　　　*p.24…24*

口金框
BK-242
（INAZUMA）

p.25…25　　　*p.34…35*

Lesson 2

18. 迷你口金雙胞胎 *photo p.20*

完成尺寸... 寬約7.5×高約5.5×側幅約4.5cm

（不包含珠鈕）

材料（1個份）... 亞麻（原色／白色）　8×15cm

　　　　　　　亞麻（黃色印花／粉紅色）　8×18cm

　　　　　　　印花棉布（點點／條紋）　16×18cm

　　　　　　　鍊條4cm・單圈2個・T針1根

　　　　　　　直徑0.8cm的綿花珍珠　1個

　　　　　　　口金框　7.2×3.7cm（BK-774／INAZUMA）

　　　　　　　紙繩

原寸紙型... A面［18］-1表布・裡布・［18］-2表側幅・裡側幅

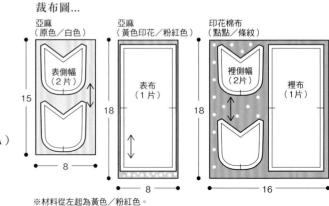

裁布圖...

※材料從左起為黃色／粉紅色。

1. 準備作業

1. 分別裁剪表布、裡布、表&裡側幅。
　※為了容易了解，圖解使用與作品不同的布料，並以鮮豔的色線縫製。

2. 縫製表袋&裡袋

1. 將表布&表側幅正面相對縫合，縫份倒向表布側。如果不好縫製，建議先作疏縫固定後再來縫合吧！

2. 對側也一樣將表布&表側幅正面相對縫合，製作表袋。裡布&裡側幅也以相同作法縫製裡袋，並使裡袋縫份倒向側幅側。

3. 縫合表袋&裡袋

1. 將表袋翻到正面，與裡袋正面相對重疊放入。

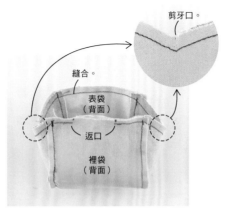

2. 預留返口不縫，縫合袋口。並在側幅V字處分的縫份上剪牙口。

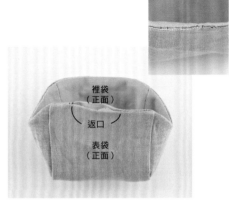

3. 從返口翻回正面，縫合返口。

4. 裝接口金框

裡袋（正面）

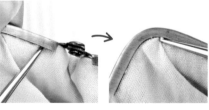

壓入脇邊，以錐子調整袋身脇邊至對齊鉚釘位置。

往彎角方向，將袋身布依序壓入溝槽。

1. 在口金框溝槽塗上白膠，並注意不要使開孔處沾上白膠。

2. 袋身中心對合口金框中心，將袋身壓入口金框溝槽中。

表袋（正面）

表袋（正面）

3. 由於白膠完全乾燥前容易掉落，請以兩條疏縫線暫時固定口金框&袋身。

4. 將手縫線打結之後，從第2個洞出針，在第1個洞入針。

5. 在相同位置再繞一次線補強。

6. 從第3個洞出針。

7. 回到第2個洞入針。

裡袋（正面）

表袋（正面）

口金
袋身

8. 重複6&7作法，以回針縫要領縫合固定口金框&袋身。縫至最後，將縫線繞兩次之後打結作為補強，再拆除疏縫線。

完成！

使裡袋縫線不明顯の作法

在口金框孔穿入縫針，將1條縫線挑2條織線後從同一個框孔出針，像縫星止縫一樣接縫口金框。

口金
袋身

裡袋（正面）

表袋（正面）

9. 以平口鉗壓扁口金框腳，並在框腳圈上接連鍊條&棉花珍珠。

24. 亞麻刺繡口金包の作法　*photo p.24*

指導／安田由美子（NEEDLEWORK LAB）

完成尺寸... 寬約19×高約13×側幅約6.7cm
　　　　　（不包含珠鈕）

材料... 亞麻（深藍）　45×20cm
　　　　亞麻（藍色）　15×50cm
　　　　印花棉布（花朵）　35×50cm
　　　　布襯　90cm寬×50cm
　　　　DMC25號繡線　744・3347・3853
　　　　3865・3721（徽章滾邊用）各色適量
　　　　口金框　15.2×6cm（F24 ATS／角田商店）・紙繩

原寸紙型... B面［24］-1表布・裡布・［24］-2表側幅・裡側幅
　　　　　　［24］-3口袋・［24］-4刺繡圖案　※徽章作法參見P.47。

裁布圖...

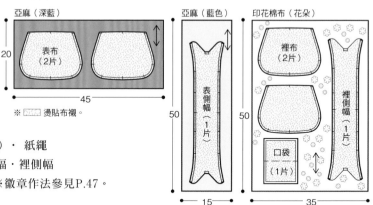

亞麻（深藍）
表布（2片）
20 / 45

亞麻（藍色）
表側幅（1片）
50 / 15

印花棉布（花朵）
裡布（2片）
裡側幅（1片）
口袋（1片）
50 / 35

※ 　　 燙貼布襯。

1. 準備作業

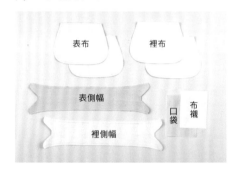

表布　裡布
表側幅
裡側幅
口袋　布襯

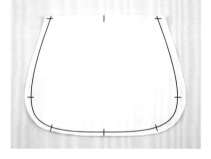

剪牙口。
表側幅（背面）

1. 在表布＆裡布＆表、裡側幅背面燙貼布襯之後再裁剪，口袋則直接使用裁剪好的布襯。
※為了容易了解，圖解使用與作品不同的布料＆鮮豔的色線縫製。

2. 標記完成線＆合印記號。並在記號位置的縫份上剪0.2cm左右的牙口，使縫製更方便。
※接縫徽章時，請先標上記號之後再進行接縫。

3. 將表側幅＆裡側幅的縫份剪牙口。

2. 縫製＆接縫口袋

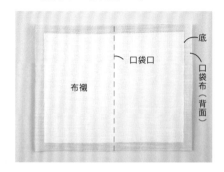

布襯
口袋口
底
口袋布（背面）

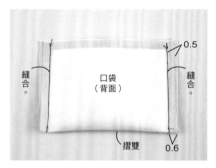

縫合。
口袋（背面）
縫合。
0.5
0.5
摺雙
0.6

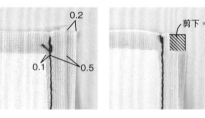

0.2
0.1　0.5

剪下。

裡側多拉出0.2cm之後縫合。　剪下縫份。

1. 在口袋布背燙貼布襯。

2. 將口袋布正面相對對摺＆沿完成線縫合。建議將背面側拉出間距再縫合，可以讓縫線藏在口袋稍裡側，作出漂亮的成品。

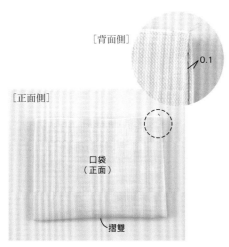

[背面側]

[正面側]

口袋
（正面）

摺雙

0.1

3. 翻回正面，以熨斗整燙形狀。使兩脇邊裡側各抓出0.1cm的間距。

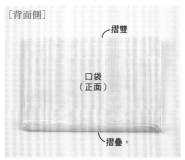

[背面側]

摺雙

口袋
（正面）

摺疊。

4. 以熨斗將口袋底的縫份往背面摺。

口袋接縫位置。以錐子在紙型內緣0.5cm處開孔，再在表袋上標記號，就能完成看不到記號的漂亮成品。

裡布（正面）

摺雙

口袋
（正面）

0.1

5. 在裡布的口袋接縫位置縫上口袋，並在口袋口的兩脇邊縫上三角形作為補強。

3. 縫製表袋&裡袋

剪牙口。

表側幅（背面）

0.3

1. 在側幅縫份剪牙口，表側幅剪0.3cm，裡側幅剪0.4cm牙口，以便精細地摺出弧度。

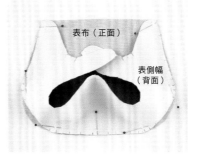

表布（正面）

表側幅
（背面）

2. 將表布&表側幅正面相對，對合合印記號以珠針固定。由於側幅線為直線，只要與完成線平行固定就能輕鬆縫製了！

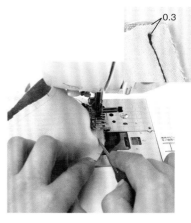

0.3

3. 從側幅側開始縫合，起縫&收縫要留下0.3cm，預留的0.3cm能讓裝接口金框時更容易作出形狀，並以錐子輔助，調整弧度形狀。

4. 表布從完成線稍微外側，裡布從完成線稍內側來縫製。如此一來，在對合表、裡時，內裡就不會有多餘的布紋。

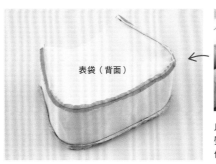

表袋（背面）

5. 以熨斗攤開縫份。

以手指打開縫份，並以熨斗前端熨燙攤開縫份。

表袋縫份也剪牙口。若使用厚布料製作時，牙口請剪成V字。

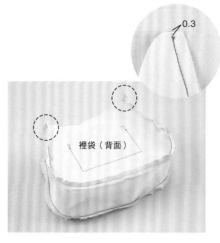

6. 將裡布&裡側幅正面相對，以相同作法縫合製作裡袋。起縫&收縫同樣留0.3cm不縫。

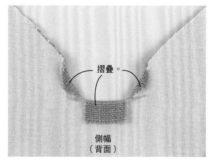

7. 將側幅牙口往背面摺&薄塗上一層白膠貼上（表袋&裡袋亦同）。

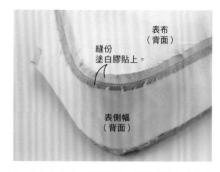

8. 縫份突出時，薄薄塗上一層白膠貼合（表袋&裡袋亦同）。

4. 對合表袋&裡袋

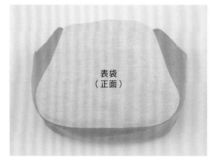

1. 將表袋翻回正面。因為此步驟之後就不容易以熨斗熨燙了，此時若有發現皺褶，就立刻以熨斗整燙吧！

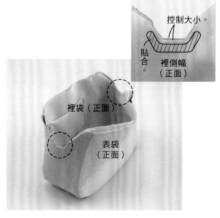

2. 將裡袋正面朝外放入表袋內，對合脅邊&塗上白膠貼合袋口。再將裡袋調整至成從正面稍微看不到的大小。

3. 對合表袋&裡袋的中心，以白膠貼合袋口。接著對齊側幅&表袋的縫目後貼合。最後，貼合袋口全體，並以夾子夾住邊口，等待白膠乾燥。

5. 裝接口金框

1. 攤開紙繩。

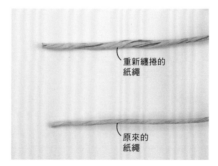

2. 將攤開的紙繩重新捲繞之後，會比原來的紙繩更柔軟，直徑較粗也比較容易沾上白膠。

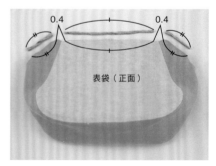

3. 依圖示裁剪紙繩，在接縫處各剪下0.4cm長。共準備表袋用2條&側幅用4條。

[側剖面]

0.4cm
紙繩
表袋　布襯　裡袋

接縫處不貼　　　接縫處不貼

裡袋（正面）

表袋（正面）

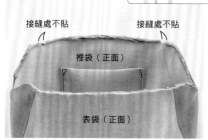

4. 將紙繩塗上白膠貼在袋口稍微靠近布邊的內裡處。接縫處不貼。

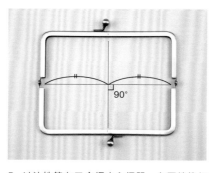

90°

5. 以油性筆在口金框中心標記，在兩端鉚釘間的等距位置畫上垂直線，找出中心點。

6. 在口金框溝槽內塗上白膠。注意不要塗太多，以免與袋口對合時會溢出。建議使用前端細長的白膠會很方便。

7. 以一字起子對合袋口中心&口金框中心，壓入溝槽中。

8. 對合袋口邊端&口金框邊端，壓入溝槽中。

9. 將其餘部分壓入口金框內。彎角處以斜頭塞棉針輔助（參見P.43）就能輕鬆完成。對側作法亦同，再將脇邊左右對齊，打開口金框等待白膠乾燥。

完成！

10.以鉗子夾緊口金框腳。從裡側以皮料等布片為墊布，以鉗子夾緊口金框裡側邊框。

11.以棉花棒沾去光水，去除口金中心記號。

白膠乾燥之後就可以使用囉！

Lesson ❤ 3

口金包の基礎製作筆記

在開始挑戰製作口金包前，先將基礎牢記之後再開始吧！
此單元將解說準備工具＆紙型使用方法。

口金框...

◆ 口金框の種類

口金框有各種不同的形狀。
此處僅介紹本書所使用的
部分口金框。

A…圓弧形＆櫛形
B…角形
C…手縫款
D…圓弧形・單邊附圈
E…角形・短腳框款
F…山形
G…親子形
H…附隔層
I…L形

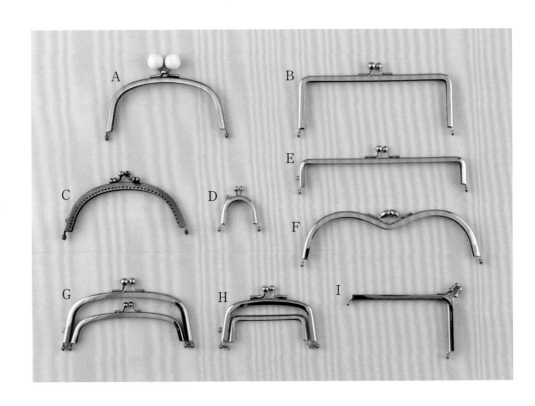

◆ 尺寸＆細部名稱

解說頁＆作法頁上記載的口金框尺寸的測量方法。
記住口金框的細部名稱之後就能順利製作囉！ ※尺寸有時會與製造商的標記不同。

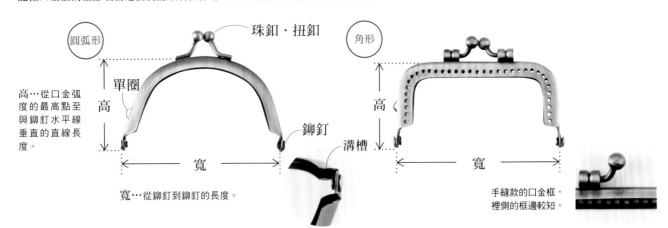

圓弧形

高…從口金弧
度的最高點至
與鉚釘水平線
垂直的直線長
度。

珠鈕・扭鈕

單圈

高

鉚釘

寬

寬…從鉚釘到鉚釘的長度。

角形

高

溝槽

寬

手縫款的口金框，
裡側的框邊較短。

工具...

◆ 製作口金包的工具

在開始製作口金包前先準備好需要的工具吧！
除了下列工具之外，也要準備裁縫工具喔！

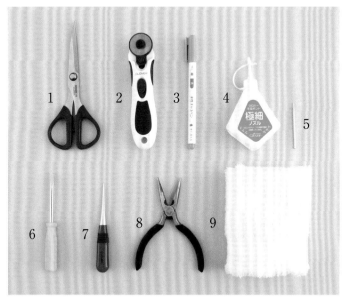

牙籤、螺絲起子、鉗子、擦拭布以外／可樂牌

1. 裁布剪…布用剪刀。適合用來裁剪尖端銳利＆細緻部分的尺寸。
2. 滾輪裁刀…以圓形刀刃在布料上直接裁切。繞小圓也很靈活，請配合裁墊來使用吧！
3. 水消筆…標記號使用。推薦選擇水性或時間長就會自然消失的氣消筆款。
4. 手工藝白膠（極細管嘴）…選擇管嘴細長的款式，白膠就能輕鬆地塗在口金框溝槽內。
5. 牙籤…輔助將白膠塗滿整個溝槽內使用。
6. 一字起子…將袋身＆紙繩塞入口金框時使用。
7. 錐子…將袋身塞進口金框內，進行細緻的作業時使用。
8. 鉗子…壓緊口金框腳，需搭配墊布使用。
9. 擦拭布…擦拭溢出的白膠。

◆ 擁有它會更方便

製作口金包熟練之後，有這些工具會更加方便喔！

塞口金鉗具…
握住把手，將紙繩塞進口金框中。
（角田商店）

壓扁口金框夾具…
將前端夾住口金框腳，能將口金框壓實固定。
（角田商店）

口金專用填塞器…
不會傷到口金框，將袋身＆紙繩塞進口金框內的用具。（TAKAKI纖維）

斜頭塞棉針…
以前端彎曲處＆邊角，靈活地小小繞圓，將袋身＆紙繩塞入口金中。（可樂牌）

布料...

◆ 適合用來製作口金包の布料

此單元介紹本書作品使用的布料。
以下各種布料皆可作為製作口金包的參考。

亞麻

由亞麻纖維作成的布料。除
了未經染色的原色，也有彩
色亞麻＆印花等布款。

帆布

也用來製作小艇帆布＆帳
篷，是織目細密的強韌布
料。1號厚度最厚，隨著號
數增加，布料會越來越薄。

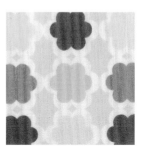

印花棉布

在平織布和OX等布料上印
花。會因花樣不同，而有完
全不一樣的氛圍。

塑膠防水布

表面是塑膠的防水布料。請
注意不能以熨斗熨燙。

細平布

使用細線，作出如絹布般柔
軟有光澤的薄料棉織布。由
於布料相當薄，建議燙貼布
襯使用。

牛仔布

也用來作牛仔褲，是織目細
密的堅固布料。比較薄的布
料也可以使用家庭裁縫機縫
製。

緹花布

織布時就織入花樣的布料。
因為帶有奢華感，適合用來
製作宴會用口金包。

合成皮

以織布＆不織布作為基底
布，表面塗上合成樹脂作出
近似於天然皮革的布料。由
於針刺後孔洞無法復原，縫
製時請更加仔細。

刷毛布

以羊毛作成一片如紡織布般
的薄布料。最近流行以合成
纖維來作成相同狀態的材
質。

◆ 整布

買回布料之後，首先泡水整布吧！
※請注意，依質料不同，也有不能泡水的布料。

   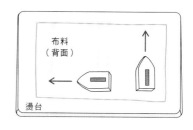

1. 將布料摺疊在洗臉台 &洗衣機中確實浸泡 一晚。

2. 隔天稍微脫水之後，整理 布紋&陰乾。

3. 在布料半乾時，直角拉扯 橫向&縱向布紋。

4. 以熨斗從布料背面直角熨燙 布紋。

布襯...

◆ 布襯種類

在想要強調布料&確保完成形狀時，燙貼在布料背面使用。
依基底布種類不同會呈現出不同的風貌，請依需求挑選吧！

織布款

以織布為基底 布。當表布材 料是布帛時， 推薦使用容易 與布料貼合的 織布款。

不織布款

將纖維從各方 向纏繞作為基 底布的不織布 款。由於沒有 布紋方向，可 以更有效率地 使用。

棉襯

在作成薄棉片狀的 布襯上塗膠，也被 稱作雙膠棉，在想 要作出有圓弧膨度 的形狀時使用。類 似的有單膠棉，但 單膠棉的背面是不 織布，沒有塗膠。

◆ 布襯燙貼方法

當布襯要貼滿縫份時，建議先燙貼上布襯之後再裁剪。
不需貼滿縫份時，則將布襯按照完成尺寸裁剪之後再貼上。

全面貼滿時

 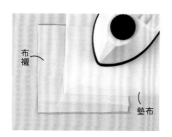 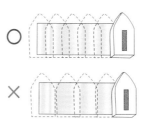

1. 將布剪得比需要燙貼的範圍再 大一些（粗裁）。

2. 將布襯裁剪得比布料稍微小一 些，將塗膠面重疊在布料背面 上，再放上墊紙以熨斗壓燙。 建議以烤盤紙來作墊紙就很方 便囉了！

熨斗壓燙時應如圖示般，不要 出現空隙地重疊按壓。

依完成大小燙貼時

當縫份不需貼滿布襯時，請依完成 尺寸裁剪布襯。製作紙型時，同時 準備有縫份的尺寸&完成尺寸兩 種，或是先以有縫份的紙型剪裁好 布料，再依完成尺寸裁剪來使用 吧！

45

紙型 の 使用

◆ 描寫

將附錄的原寸紙型描寫到其他紙張來作紙型吧！將紙型影印下來裁剪使用也OK喔！

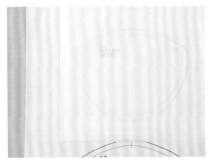

1. 在原寸紙型上重疊描圖紙等薄紙。

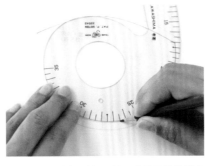

2. 正確描寫紙型線條。使用曲線尺就能描出漂亮的弧線。

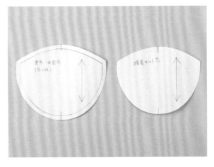

3. 標記上合印、布紋線、部件名稱等記號後裁剪。縫份不貼布襯時，建議將布襯紙型也一併作來備用會很方便喔！

◆ 裁剪

使用紙型來裁剪布料吧！只要按照紙型仔細裁剪，完成品會很漂亮喔！

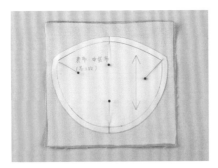

1. 對合布料布紋&紙型布紋方向，放置紙型&以珠針固定。

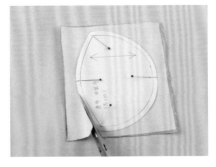

2. 從布邊開始以剪刀或滾輪刀裁剪。

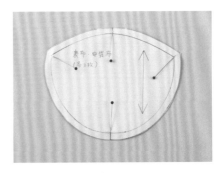

3. 依紙型漂亮地裁剪。

◆ 標記

裁剪完成之後，在布料上標記完成線&合印記號吧！

標記完成線

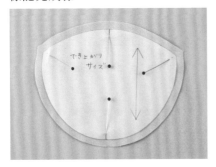

1. 以珠針固定完成線尺寸的紙型。
※完成線尺寸的紙型是將附縫份的紙型裁去周圍縫份，製作而成。

2. 對合紙型邊緣劃線。也不要忘記標上合印等記號喔！

剪牙口

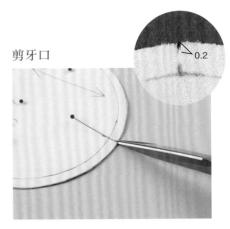

在合印記號的縫份處剪出0.2cm左右的牙口，作出從正面也看的到記號。

刺繡＆徽章

◆ 直線繡

一針就能完成的刺繡。
藉由組合長度＆排列方法就能繡出花樣。

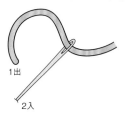

◆ 平針繡

手縫時稱作平針縫。
統一針腳的長度＆距離，就能作出漂亮的作品。

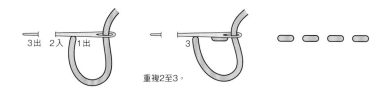

重複2至3。

◆ 十字繡

將線作X字形交叉刺繡。依／＆＼的順序，方向一致地刺繡就能完成整齊的繡品。

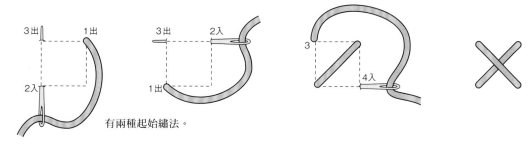

有兩種起始繡法。

橫向來回刺繡時

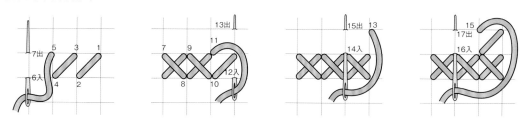

◆ 徽章作法

P.24相機收納包，以其他布料刺繡製作徽章的作法。

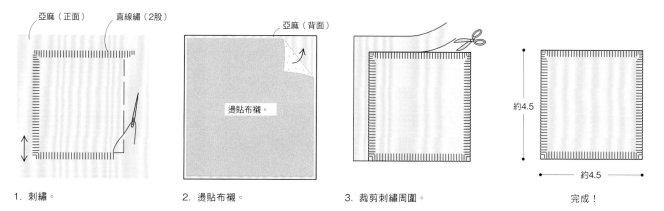

1. 刺繡。

2. 燙貼布襯。

3. 裁剪刺繡周圍。

完成！

紙型の應用

◆ 紙型の修正方法

理想的口金包與指定尺寸有些許出入時，試著來修正紙型吧！

※尺寸差異很大的口金包，口金框的尺寸也會不一樣，所以修正請在1cm以內。

不管是哪種狀況，都將修正好的紙型對合口金框看看，確認口金框長度＆紙型袋口長度確實對合吧！

修正寬度
口金寬度比指定大
0.3cm時

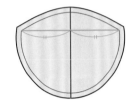
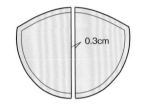

1. 在紙型縱向中心劃線。　　　2. 從中心線打開，中間加上0.3cm距離。　　　3. 重新劃線。

修正高度
口金比指定大1cm時

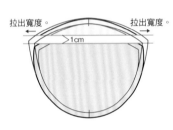

（圓弧口金 扁平款口金包）
修正脇邊不寬的扁平版型（3.智慧型手機收納包＆7.口紅收納包）時，在靠近鉚釘位置畫橫線，隔開1cm再將脇邊線連接起來。

（圓弧口金 圓膨款口金包）
脇邊呈圓弧膨起的版型（1.基本款口金包等），如果只將高度放寬，口金的長度會不夠。因此需在橫向畫線隔開1cm，再配合口金長度拉出寬度，將脇邊線接上。

◆ 獨一無二の紙型作法

拿起手邊的口金框來試著自己畫出獨一無二的紙型吧！口金框脇邊部分的描法是重點，請一邊試作一邊挑戰看看各種形狀。

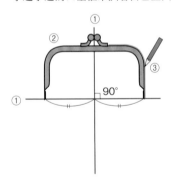

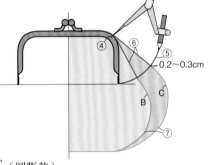

①畫十字線。
②將口金框中心對準直線，鉚釘位置對準橫線放置。
③對合口金框邊緣描線。

A（扁平款）
④脇邊不作膨度時，將線條垂直往下描，在喜歡的深度決定底部的線條。

A

B,C（圓膨款）
④在隨意一點決定支點。
⑤以圓規在支點放置圓規針腳，從橫線位置開始畫弧線。
⑥在喜歡的角度畫弧線。B款為30度，C款為45度位置畫線。角度越大，袋型就會呈顯越圓弧＆脇邊往內凹進的形狀。
⑦以喜好的形狀來描繪下方的脇邊線，並描出完成線。脇邊有0.2至0.3cm左右的細縫也OK。
※由於圓弧款沒有轉角，雖然與四角款一樣從任一點決定支點作出角度，但口金框弧度處，多少需要作長度調整。

B

C

how to make

寫在開始縫製之前

請參考P.46紙型使用作法，
描繪原寸紙型以便使用。

本書的原寸紙型皆已包含縫份，
不需再外加縫份。

以直線裁製作的作品無原寸紙型。

作法頁沒有特別指定的單位皆為cm。

材料尺寸標記為寬×長。
若使用有方向性的花樣印花布，
需要修正尺寸時請特別注意。

口金框尺寸標記為寬×高。
口金框尺寸後皆有標示製造商＆型號。
如果是沒有包含紙繩的材料組合，
請自行準備。

2. *photo p.04* 拼接口金包

完成尺寸... 寬約10.5×高約9cm（不包含珠釦）
材料... 亞麻（天空藍）15×15cm、棉布（點點）15×15cm、亞麻（原色）30×12cm、棉襯30×10cm
蕾絲花片1片、25號繡線‧藍色適量、口金框7.8×4.5cm（BK-772／INAZUMA）
原寸紙型... A面［2］-1表布A、［2］-2表布B、［2］-3裡布

裁布圖...

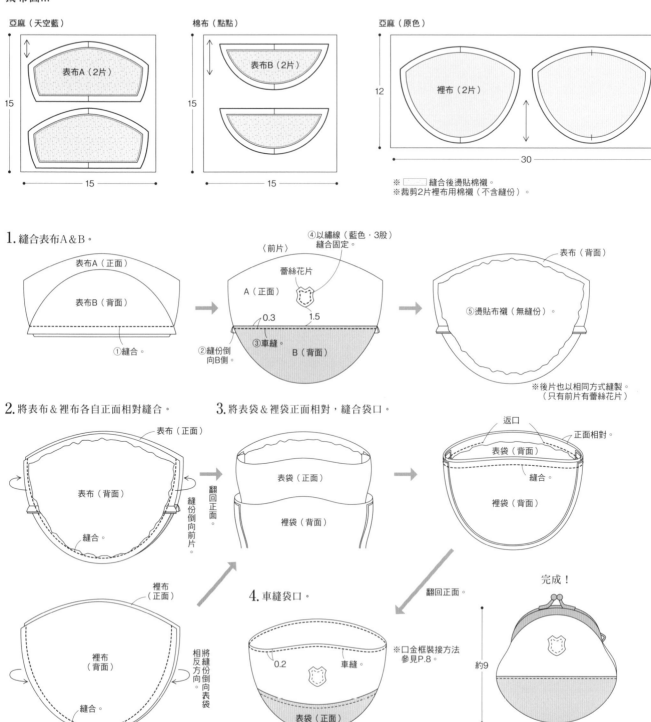

亞麻（天空藍）
表布A（2片）
15
15

棉布（點點）
表布B（2片）
15
15

亞麻（原色）
裡布（2片）
12
30

※ ▭ 縫合後燙貼棉襯。
※裁剪2片裡布用棉襯（不含縫份）。

1. 縫合表布A＆B。
表布A（正面）
表布B（背面）
①縫合。

〈前片〉
④以繡線（藍色‧3股）縫合固定。
蕾絲花片
A（正面）
0.3   1.5
②縫份倒向B側。
③車縫。
B（背面）

表布（背面）
⑤燙貼布襯（無縫份）。
※後片也以相同方式縫製。（只有前片有蕾絲花片）

2. 將表布＆裡布各自正面相對縫合。
表布（正面）
表布（背面）
縫合。
縫份倒向前片。

裡布（正面）
裡布（背面）
縫合。
將縫份倒向表袋相反方向。

3. 將表袋＆裡袋正面相對，縫合袋口。
表袋（正面）
裡袋（背面）
翻回正面。

返口
正面相對。
表袋（背面）
縫合。
裡袋（背面）

翻回正面。

4. 車縫袋口。
0.2   車縫。
表袋（正面）
※口金框裝接方法參見P.8。

完成！
約9
約10.5

3. *photo p.10* 智慧手機收納包

完成尺寸... 寬約10×高約16×側幅約2cm（不包含珠釦）

材料... 11號帆布（Liberty印花布 Voysey）30×15cm、亞麻（粉紅色）30×10cm、棉布30×20cm
棉襯30×20cm、布襯30×25cm、鍊條3cm、單圈·T針各2個、貓咪形狀配件·珍珠·捷克珠
各1個、姓名縮寫布片1片、口金框9.1×6cm（F21 ATS／角田商店）

原寸紙型... A面〔3〕-1表布A、〔3〕-2表布B、〔3〕-3裡布

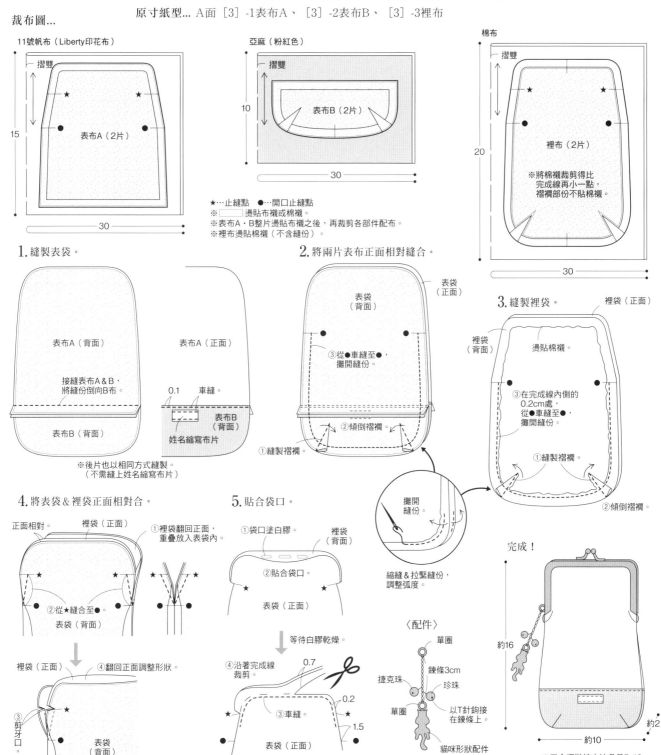

※口金框裝接方法參見P.40。

4. *photo p.11* Liberty印花口金包

完成尺寸... 寬約21×高約14.5×側幅約4cm（不包含珠鈕）

材料... 細平布（Liberty印花 Gretel）65×20cm、亞麻（黃綠色）65×20cm、布襯55×20cm
薄布襯（細平布用）各65×20cm、棉襯55×20cm、口金框15.2×6cm（F24 N／角田商店）

原寸紙型... A面［4］-1表布・裡布、［4］-2口袋A、［4］-3口袋B

裁布圖...

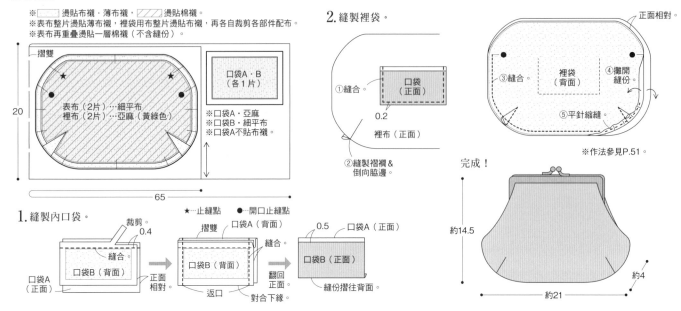

※▢ 燙貼布襯・薄布襯，▨ 燙貼棉襯。
※表布整片燙貼薄布襯，裡袋用布整片燙貼布襯，再各自裁剪各部件配布。
※表布再重疊燙貼一層棉襯（不含縫份）。

摺雙

20

表布（2片）…細平布
裡布（2片）…亞麻（黃綠色）

65

口袋A・B
（各1片）

※口袋A・亞麻
※口袋B・細平布
※口袋A不貼布襯。

2. 縫製裡袋。

①縫合。

口袋
（正面）

0.2

裡布（正面）

②縫製褶襉＆
倒向脇邊。

正面相對。

③縫合

裡袋
（背面）

④攤開
縫份。

⑤平針縮縫。

※作法參見P.51。

完成！

約14.5

約21

約4

1. 縫製內口袋。

★止縫點　●開口止縫點

裁剪。
0.4
縫合。
口袋B（背面）
口袋A（正面）

摺雙
口袋A（背面）

縫合。
口袋B（背面）

正面相對。
返口
翻回正面

對合下緣。

0.5　口袋A（正面）

口袋B（正面）

縫份摺往背面。

5. *photo p.11* 剪接口金包

完成尺寸... 寬約21×高約14.5×側幅約4cm（不包含珠鈕）

材料... 亞麻（開心果色・黃色）各55×20cm、細平布（Liberty印花 Gretel）30×15cm、布襯（表布・
裡布用）55×40cm、薄布襯・厚布襯（裝飾布用）各30×15cm、滾邊用斜布條（黃色亞麻布）
27×2.5cm×2 片、10號taco縫線54cm、口金框15.2×6cm（F24 N／角田商店）

原寸紙型... A面［5］-1表布・裡布、［5］-2裝飾布

裁布圖...

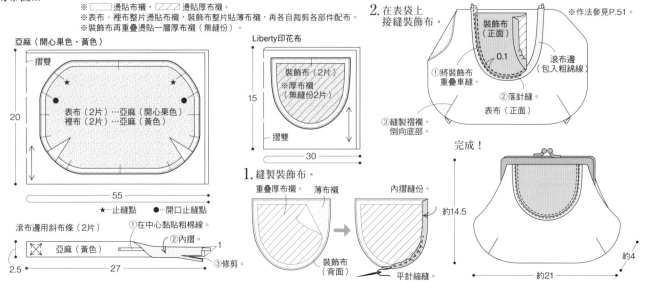

※▢ 燙貼布襯，▨ 燙貼厚布襯。
※表布、裡布整片燙貼布襯，裝飾布整片貼薄布襯，再各自裁剪各部件配布。
※裝飾布再重疊燙貼一層厚布襯（無縫份）。

亞麻（開心果色・黃色）

摺雙

20

表布（2片）…亞麻（開心果色）
裡布（2片）…亞麻（黃色）

55

Liberty印花布

15

裝飾布（2片）
※厚布襯
（無縫份2片）

摺雙

30

★止縫點　●開口止縫點

滾布邊用斜布條（2片）

亞麻（黃色）
①在中心黏貼粗棉線。
②內摺
③修剪

2.5　27　1

2. 在表袋上
接縫裝飾布。

裝飾布
（正面）

0.1

①將裝飾布
重疊車縫。

②落針縫。

③縫製褶襉，
倒向底部。

滾布邊
（包入粗綿線）

表布（正面）

※作法參見P.51。

1. 縫製裝飾布。

重疊厚布襯　薄布襯

①在中心黏貼粗棉線。
②內摺

內摺縫份。

1

裝飾布
（背面）

平針縮縫。

約14.5

完成！

約14.5

約21

約4

6. *photo p.12* 卡片收納包

完成尺寸... 寬10.5×高約7×側幅1cm（不包含珠鈕）

材料... 平布（Dena collection クマリガーデン）15×20cm、平織布（素色）15×20cm、布襯15×20cm
口金框10.4×5.5cm（『CUBE』AQUA 10.5cm圓角／角田商店）

原寸紙型... A面〔6〕-1表布・裡布

裁布圖...
※▢ 燙貼布襯。
※表布整片燙貼布襯之後，再裁剪出袋身。

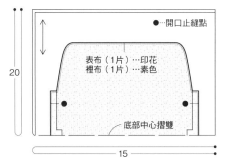

●…開口止縫點
表布（1片）…印花
裡布（1片）…素色
底部中心摺雙
20
15

1. 將表布正面相對縫合。

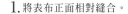
正面相對。
對合中心。
表布（背面）
車縫至●
底部中心摺雙

2. 縫製表袋側幅。

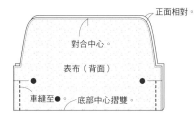
④貼合縫份。
①攤開縫份
表布（背面）
②縫製側幅。
③塗上白膠。
※裡袋作法亦同。

3. 裡袋重疊放入表袋中。

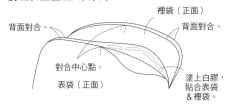
裡袋（正面）
背面對合。
背面對合。
對合中心點
表袋（正面）
塗上白膠，貼合表袋&裡袋。

4. 裝接口金框。

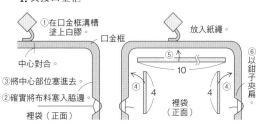
①在口金框溝槽塗上白膠
口金框
中心對合。
③將中心部位塞進去
②確實將布料塞入脇邊
裡袋（正面）
放入紙繩
⑤
10
④ 4
4 ④
裡袋（正面）
⑥以鉗子夾扁

完成！

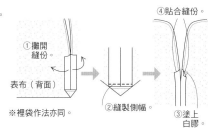
7
約10.5
1

---

7. *photo p.12* 迷你口紅收納包

完成尺寸... 寬約3.5×高約9.5×側幅約1cm（不包含珠鈕）

材料... 絨面呢（點點・條紋）各15×25cm、布襯15×25cm、0.3cm寬緞面緞帶8cm、蝴蝶亮片1片
珠珠2個、單圈1個、珠鍊（Y48 AT／角田商店）、口金框3.8×3.5cm（F1 ATS／角田商店）

原寸紙型... A面〔7〕-1表布・裡布

裁布圖...

表布（1片）…點點
裡布（1片）…條紋
底部中心摺雙
25
15

※▢ 燙貼布襯。
※表布整片燙貼布襯之後，再裁剪出袋身。
●…開口止縫點

1. 表布正面相對縫合。

正面相對。
車縫至●
表布（背面）
底部中心摺雙

2. 縫製表袋側幅。

③貼合縫份。
①攤開縫份
表布（背面）
塗上白膠。
②縫製側幅。
※裡袋作法亦。

3. 在表袋中重疊放入裡袋。

中心對合。
裡袋（正面）
表袋（正面）
袋口塗上白膠貼合。

4. 裝接口金。
口金接法參見6.卡片收納包。
將紙繩（7cm）從中心開始塞入。

〈製作吊飾〉

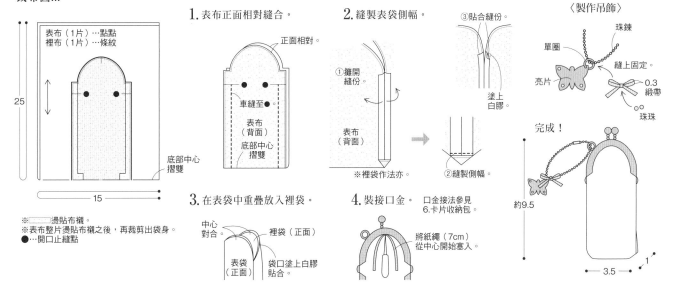
珠鍊
單圈
縫上固定
亮片
0.3緞帶
珠珠

完成！
約9.5
3.5
1

53

8. photo p.13　帆布筆袋

完成尺寸... 寬約16.5×高約5×側幅約4cm（不包含珠釦）

材料... 11號帆布（carmen・coral）25×20cm、平織布（印花）25×20cm、布襯25×20cm、珠珠（直徑1cm・1.2cm）各1個、單圈・9針各2個、25號繡線・黃色適量、口金框16.5×3.5cm（54-1 N／まつひろ商店）

原寸紙型... A面［8］-1表布・裡布

裁布圖...

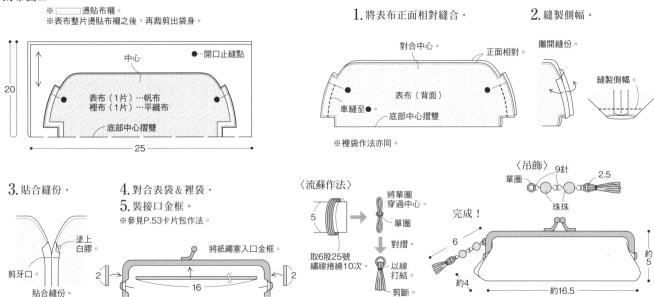

9. photo p.13　北歐風眼鏡收納包

完成尺寸... 幅17.5×高8×側幅1.5cm（不包含珠釦）

材料... 印花裝飾布（almedahls Belle Amie）150cm寬×20cm（使用量25×20cm）、平織布（點點）25×20cm、棉布（格子）3×3cm、棉襯25×20cm、口金框17.6×5.4cm（F33 ATS／角田商店）

原寸紙型... A面［9］-1表布、［9］-2裡布

裁布圖...

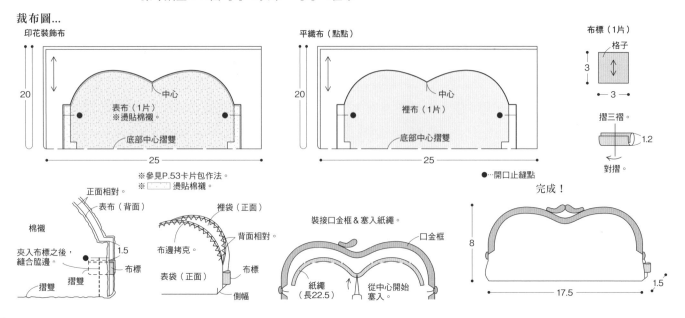

10. *photo p.14*　抓皺口金包

完成尺寸... 寬約13.5×高約14cm（不包含珠鈕）

材料... 棉布（印花・素色）各40×20cm、布襯40×20cm、口金框10×4.9cm（BK-1075S #15翡翠色／INAZUMA）

原寸紙型... A面［10］-1表布・裡布

裁布圖...

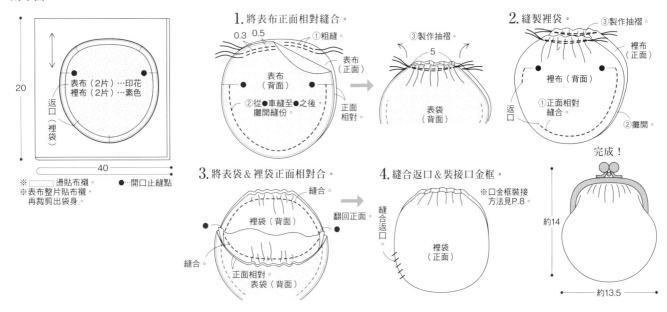

40
20

表布（2片）…印花
裡布（2片）…素色

返口（裡袋）

※ ＝燙貼布襯。
※表布整片貼布襯，再裁剪出袋身。
●＝開口止縫點

1. 將表布正面相對縫合。

0.3　0.5
①粗縫。
表布（背面）
②從●車縫至●之後、攤開縫份。
表布（正面）
正面相對

③製作抽褶。
5
表袋（背面）

2. 縫製裡袋。

③製作抽褶。
裡布（正面）
①正面相對縫合。
②攤開。
裡布（背面）
返口

3. 將表袋&裡袋正面相對合。

裡袋（背面）
縫合。
翻回正面。
縫合。
正面相對。
表袋（背面）

4. 縫合返口&裝接口金框。

縫合返口。
※口金框裝接方法見P.8。
裡袋（正面）

完成！
約14
約13.5

11. *photo p.14*　拼接皮革包

完成尺寸... 寬約13.5×高約14cm（不包含珠鈕）

材料... 合成皮（灰白色・茶色）各20×20cm、棉布（素色）20×40cm、Olympus 25號繡線・105適量、口金框10×4.9cm（BK-1075S #16玫瑰石色／INAZUMA）

原寸紙型... A面［11］-1表布A、［11］-2表布B、［11］-3裡布

裁布圖...

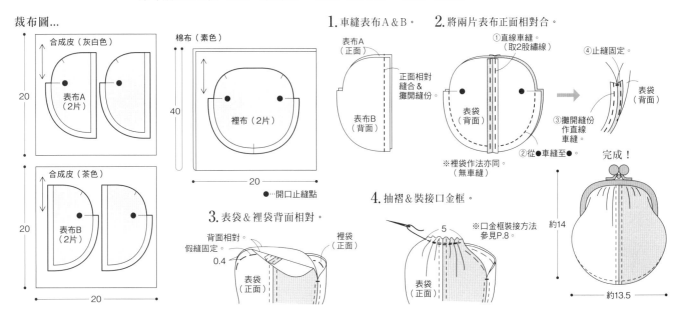

合成皮（灰白色）
20
表布A（2片）

合成皮（茶色）
20
表布B（2片）

棉布（素色）
40
裡布（2片）
20
●…開口止縫點

1. 車縫表布A&B。

表布A（正面）
正面相對縫合&攤開縫份。
表布B（背面）

2. 將兩片表布正面相對合。

①直線車縫。（取2股繡線）
④止縫固定。
表布（正面）
③攤開縫份作直線車縫。
表袋（背面）
②從●車縫至●。
表袋（背面）
※裡袋作法亦同。（無車縫）

3. 表袋&裡袋背面相對。

背面相對。
假縫固定。
0.4
裡袋（正面）
表袋（正面）

4. 抽褶&裝接口金框。

5
※口金框裝接方法參見P.8。
表袋（正面）

完成！
約14
約13.5

12. *photo p.15* 拼接抓皺口金包

完成尺寸... 寬約10×高約8.5cm（不包含珠鈕）

材料... 和風羊毛布15×15cm、雙紗布（點點）20×20cm、棉布（格子）20×40cm、布襯15×15cm、
口金框8×4.5cm（BK-772／INAZUMA）

原寸紙型... A面［12］-1表布A・裡布A、［12］-2表布B・裡布B

裁布圖...

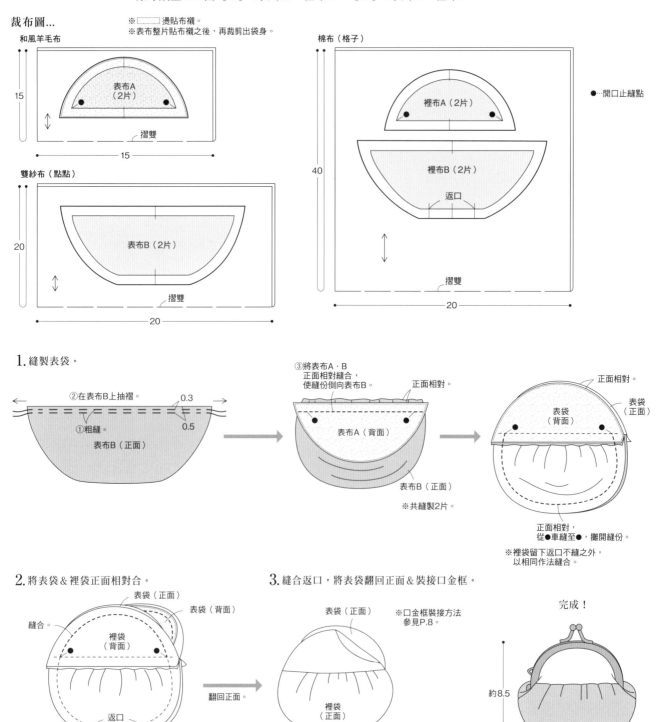

※ ▭ 燙貼布襯。
※表布整片貼布襯之後，再裁剪出袋身。

和風羊毛布

15 / 15

表布A
（2片）

摺雙

雙紗布（點點）

20 / 20

表布B
（2片）

摺雙

棉布（格子）

40 / 20

裡布A（2片）

裡布B（2片）

返口

摺雙

● ...開口止縫點

1. 縫製表袋。

②在表布B上抽褶。　0.3

①粗縫。　0.5

表布B（正面）

③將表布A・B
正面相對縫合，
使縫份倒向表布B。

正面相對。

表布A（背面）

表布B（正面）

※共縫製2片。

正面相對。

表袋（正面）

表袋（背面）

正面相對，
從●車縫至●，攤開縫份。

※裡袋留下返口不縫之外，
以相同作法縫合。

2. 將表袋＆裡袋正面相對合。

表袋（正面）

表袋（背面）

縫合。

裡袋（背面）

返口

3. 縫合返口，將表袋翻回正面＆裝接口金框。

表袋（正面）

※口金框裝接方法
參見P.8。

翻回正面。

裡袋（正面）

縫合返口。

完成！

約8.5

約10

完成尺寸... 寬25×高約17.5cm（不包含珠釦&提把）
材料... 棉布（條紋）30×20cm、緞面布40×30cm、棉布（白色）60×40cm、棉布（白色）・厚布襯各
　　　60×30cm、3.5cm寬緞帶30cm、附鉤環鍊條（BK-43AG／INAZUMA）、口金框16×7.8cm
　　　（BK-1673／INAZUMA）
原寸紙型... A面［13］-1表布A・底布A・裡布A、［13］-2底布B・裡布B、［13］-3口袋

裁布圖...

棉布（點點）
20

表布A
（2片）

摺雙

●…開口止縫點

緞面布
30

0.7縫份

36
11
表布B
（2片）

40
摺雙

棉布（白色）
30

底布A
（2片）

底布B
（2片）

摺雙
60

※ □…燙貼厚布襯。

棉布（白色）
40

裡布A
（2片）

裡布B
（2片）

返口

摺雙

口袋
（1片）

60

1. 重疊&縫合底布A、表布A。

0.3
表布A
（正面）
底布A（正面）
厚布襯
假縫固定

2. 將兩片底布B正面相對縫合。

底布B（正面）
正面相對。
① 縫合。
底布B
（背面）
② 攤開縫份。
厚布襯

3. 重疊&縫合底布B、表布B。

0.3
① 正面相對縫合。
0.4
0.5
表布B
（背面）
② 攤開縫份&翻回正面。
③ 粗縫
④ 縫製抽褶。

底布B（正面）
⑤ 重疊底布B、表布B之後，假縫固定。
0.4
表布B
（正面）
翻到背面
0.4

4. 車縫底部。

底布B
（背面）
縫合。
翻回正面

將表布A&B正面相對，從●車縫至●。

5. 縫製表袋。

正面相對。
底布A
（背面）
使縫份倒向B側。
表布B（正面）
底部
※對側作法亦同。

6. 縫製裡袋。

1
① 摺三褶縫合。
1
口袋
（背面）
② 布邊拷克。

裡布A（正面）
⑤ 將口袋重疊縫合。
④ 內摺
0.2
口袋
（正面）
④ 內摺
裡布B
（正面）

③ 將裡布A&B正面相對縫合。

正面相對。
⑥ 正面相對之後，從●車縫至●，攤開縫份。
裡袋
（背面）
返口
0.7

完成！

7. 表袋&裡袋正面相對縫合。

① 縫合。
裡袋（背面）
表袋（背面）

② 翻回正面。
裡袋（正面）
③ 縫合返口。

8. 完成！。

在開口止縫點處固定縫合。
（正面）
脇邊
以10cm長布條捲繞2次固定。
3.5寬緞帶（長20）
9

※口金框裝接方法參見P.8。

附鉤環鍊條
40
將緞帶縫合固定。
約17.5
25

14. *photo p.17* 附配件口金包

完成尺寸... 寬約13×高約8×側幅8cm（不包含珠鈕）

材料... 亞麻（直紋）24×16cm、棉布（印花）28×16cm、棉布（點點）50×16cm、布襯50×16cm、
配件1個、口金框12.2×6.1cm（BK-1275AG #16玫瑰石色／INAZUMA）

原寸紙型... A面［14］-1表布前、後片・裡布前、後片・［14］-2表布、裡布側片

裁布圖...

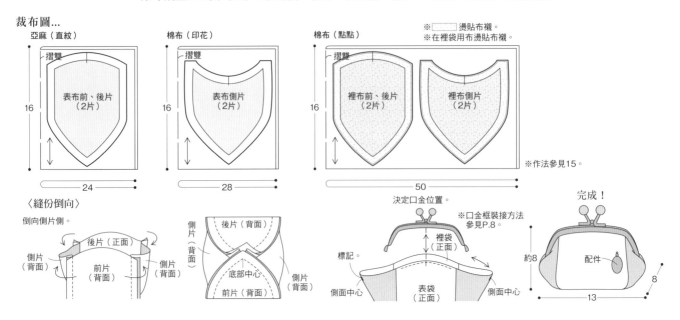

15. *photo p.17* 十字繡＆附配件口金包

完成尺寸... 寬約8.5×高約6.5×側幅5cm（不包含珠鈕）

材料... 亞麻（米白色）16×13cm、棉布（印花）20×13cm、棉布（印花）40×13cm、布襯40×13cm、轉繡
網布5×4cm、配件1個、25號繡線（灰色）適量、口金框7.7×3.7cm（BK-775AG #0象牙色／INAZUMA）

原寸紙型... A面［15］-1表布前、後片・裡布前、後片、［15］-2表布、裡布側片

裁布圖...

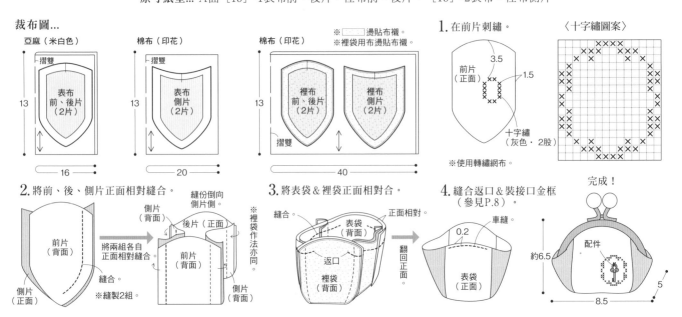

16. *photo p.18* **直立形蕾絲筆袋**

完成尺寸... 寬約9×高約17×側幅6cm（不包含珠鈕）

材料... 亞麻（水藍色）42×25cm、棉布（印花）42×25cm、蕾絲布30×10cm、布襯42×25cm、蕾絲花片1片、2.5cm寬緞帶6.5cm、25號繡線（水藍色）適量、口金框9.5×6cm（BK-1073／INAZUMA）

原寸紙型... A面 [16]-1表布·裡布、 [16]-2表·裡袋底、 [16]-3蕾絲

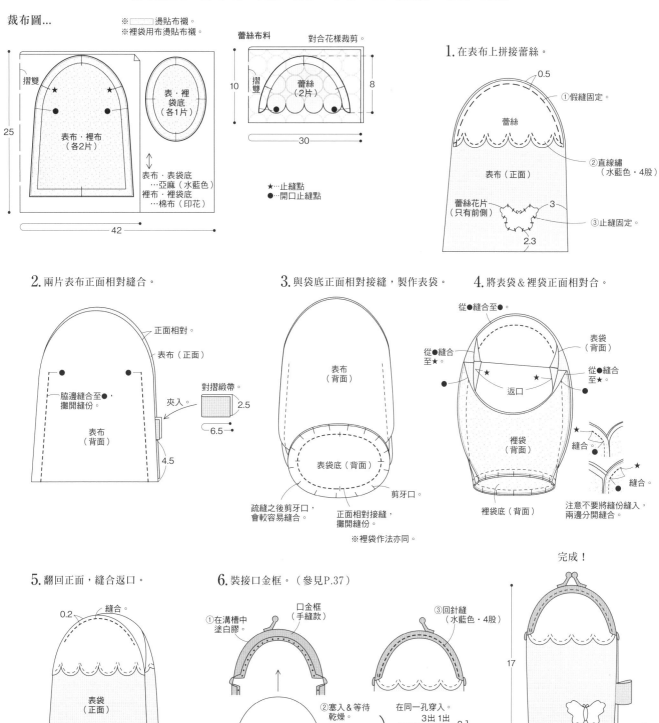

裁布圖...

※ □ 燙貼布襯。
※裡袋用布燙貼布襯。

摺雙

25

表布·裡布
（各2片）

42

表布·表袋底
…亞麻（水藍色）
裡布·裡袋底
…棉布（印花）

表·裡
袋底
（各1片）

蕾絲布料
對合花樣裁剪。

摺雙

10

蕾絲
（2片）

8

30

★…止縫點
●…開口止縫點

1. 在表布上拼接蕾絲。

0.5
①假縫固定。
蕾絲
②直線繡
（水藍色·4股）
表布（正面）
蕾絲花片
（只有前側）
3
③止縫固定。
2.3

2. 兩片表布正面相對縫合。

正面相對。
表布（正面）
脇邊縫合至●，
攤開縫份。
夾入。
表布（背面）
對摺緞帶。
2.5
6.5
4.5

3. 與袋底正面相對接縫，製作表袋。

表布（背面）
剪牙口。
表袋底（背面）
疏縫之後剪牙口，
會較容易縫合。
正面相對接縫，
攤開縫份。
※裡袋作法亦同。

4. 將表袋&裡袋正面相對合。

從●縫合至●。
從●縫合至★。
從●縫合至★。
表袋（背面）
★
★
返口
裡袋（背面）
縫合
裡袋底（背面）
注意不要將縫份縫入，
兩邊分開縫合。
★
縫合
★

5. 翻回正面，縫合返口。

0.2
縫合。
表袋（正面）

6. 裝接口金框。（參見P.37）

①在溝槽中塗白膠。
口金框（手縫款）
裡袋
②塞入&等待乾燥。
③回針縫（水藍色·4股）
在同一孔穿入。
3出 1出
2入

完成！

17

約9

6

59

玫瑰印花抓皺口金包

完成尺寸... 寬約15×高約13.5×側幅8cm（不包含珠釦）

材料... 棉布（玫瑰圖案）44×11cm、綿麻（卡其）73×15cm、棉布（印花）55×18cm、布襯55×18cm
0.5cm寬平織緞帶70cm、鍊條4cm、T針·單圈·珍珠各1個、25號繡線（紅色）適量
口金框12.2×5.5cm（BK-1273／INAZUMA）

原寸紙型... A面［17］-1表布A、［17］-2表布B、［17］-3表·裡袋底、［17］-4裡布

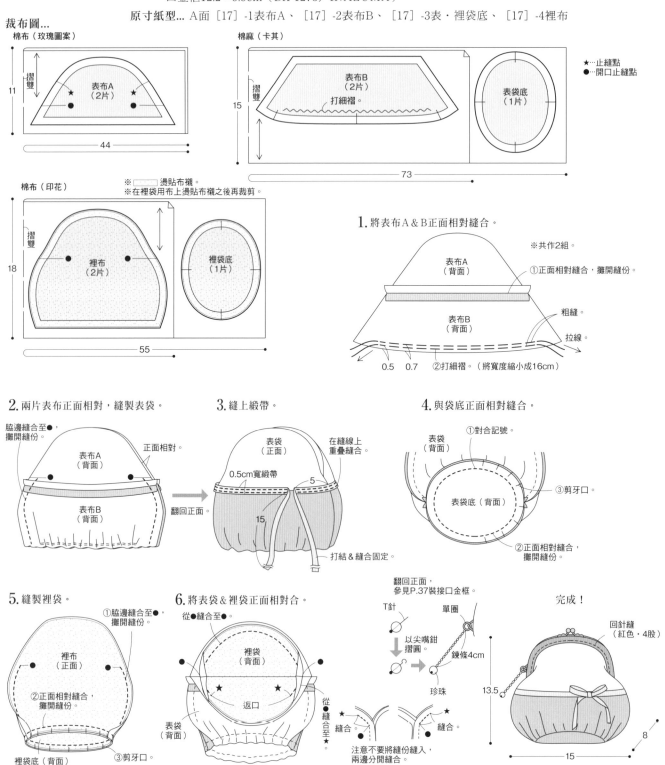

裁布圖...

棉布（玫瑰圖案）

11 ｜ 摺雙

表布A（2片）

44

★···止縫點
●···開口止縫點

棉麻（卡其）

15 ｜ 摺雙

表布B（2片）打細褶。

73

表袋底（1片）

棉布（印花）

※ ▨ 燙貼布襯。
※在裡袋用布上燙貼布襯之後再裁剪。

18 ｜ 摺雙

裡布（2片）

裡袋底（1片）

55

1. 將表布A＆B正面相對縫合。

※共作2組。

表布A（背面）

①正面相對縫合，攤開縫份。

表布B（背面）

粗縫
拉線。

0.5 0.7
②打細褶。（將寬度縮小成16cm）

2. 兩片表布正面相對，縫製表袋。

脇邊縫合至●，攤開縫份。
表布A（背面）
正面相對。
表布B（背面）
翻回正面。

3. 縫上緞帶。

表袋（正面）
在縫線上重疊縫合。
0.5cm寬緞帶
5
15
打結＆縫合固定。

4. 與袋底正面相對縫合。

①對合記號。
表袋（背面）
表袋底（背面）
③剪牙口。
②正面相對縫合，攤開縫份。

5. 縫製裡袋。

①脇邊縫合至●，攤開縫份。
裡布（正面）
②正面相對縫合，攤開縫份。
裡袋底（背面）
③剪牙口。

6. 將表袋＆裡袋正面相對合。

從●縫合至●。
裡袋（背面）
返口
表袋（背面）
從縫合至★
★ 縫合
★ 縫合
注意不要將縫份縫入，兩邊分開縫合。

翻回正面，參見P.37裝接口金框。

T針
單圈
以尖嘴鉗摺圓
鍊條4cm
珍珠

完成！

回針縫（紅色·4股）
13.5
15
8

19. *photo p.21*   迷你蕾絲口金包

完成尺寸... 寬約7.5×高約5.5×側幅約4.5cm（不包含珠釦）
材料... 亞麻（灰白色）8×18cm、麂皮風棉布（焦茶色）15×15cm、棉布（點點）16×18cm、2.5cm寬
　　　蕾絲8cm、25號繡線・焦茶色＆酒紅色各適量、單圈1個、口金框7.2×3.7cm（BK-774／INAZUMA）
原寸紙型... A面［19］-1表布・裡布、［19］-2表側幅・裡側幅

裁布圖...

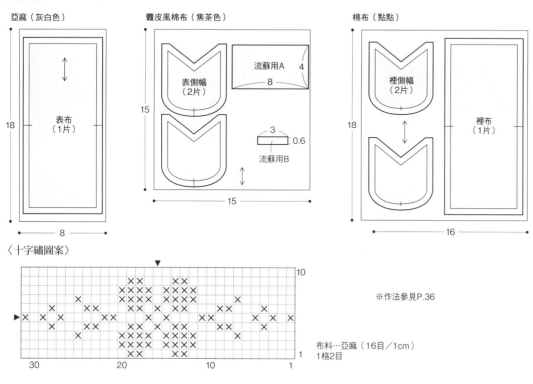

亞麻（灰白色）

表布（1片）
18
8

麂皮風棉布（焦茶色）

表側幅（2片）
流蘇用A　4
8
15
0.6
流蘇用B　3
15

棉布（點點）

裡側幅（2片）
裡布（1片）
18
16

〈十字繡圖案〉

10
30　　20　　10　　1
1

※作法參見P.36

布料…亞麻（16目／1cm）
1格2目

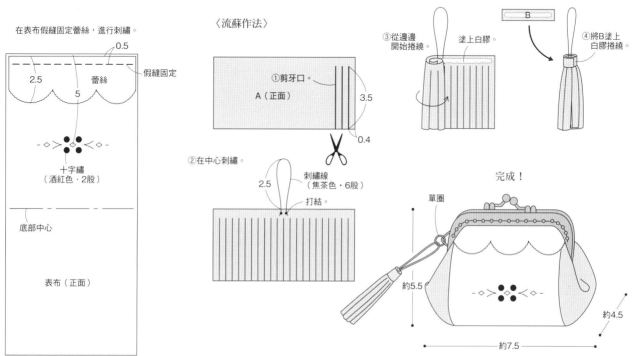

在表布假縫固定蕾絲，進行刺繡。

0.5
2.5　　蕾絲
假縫固定
5
十字繡
（酒紅色・2股）
底部中心
表布（正面）

〈流蘇作法〉

①剪牙口。
A（正面）
3.5
0.4
②在中心刺繡。
2.5
刺繡線
（焦茶色・6股）
打結。

③從邊邊開始捲繞。
塗上白膠。
B
④將B塗上白膠捲繞。

完成！
單圈
約5.5
約4.5
約7.5

61

完成尺寸... 寬約16×高約10×側幅約7.5cm（不包含珠鈕）

材料... 棉布（波浪花樣）30×30cm、亞麻（灰色）25×35cm、棉布（點點）35×35cm
布襯55×35cm、0.6cm寬緞面緞帶30cm、手縫線（黑色）適量、直徑0.8cm棉花珍珠3個
口金框12.1×6.2cm（BK-181S #200珍珠白／INAZUMA）

原寸紙型... A面［20］-1表布・裡布、［20］-2表側幅・裡側幅

裁布圖...

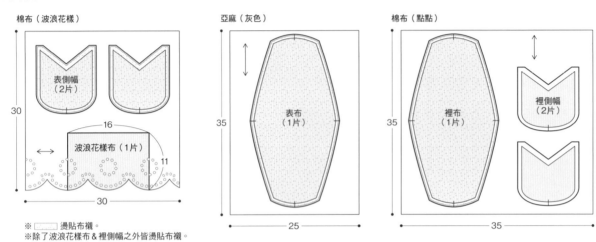

棉布（波浪花樣）

表側幅（2片）

30

16

波浪花樣布（1片）

11

30

亞麻（灰色）

表布（1片）

35

25

棉布（點點）

裡布（1片）

裡側幅（2片）

35

35

※ ▢▢▢ 燙貼布襯。
※除了波浪花樣布＆裡側幅之外皆燙貼布襯。

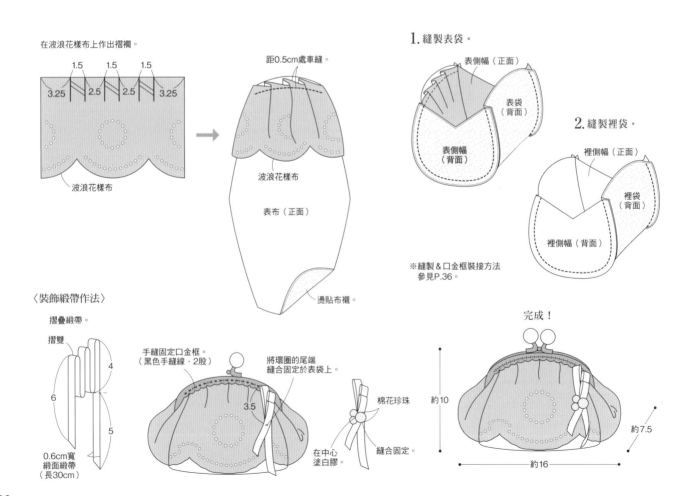

在波浪花樣布上作出褶襉。

1.5　1.5　1.5

3.25　2.5　2.5　3.25

波浪花樣布

距0.5cm處車縫。

波浪花樣布

表布（正面）

燙貼布襯。

1.縫製表袋。

表側幅（正面）

表袋（背面）

表側幅（背面）

2.縫製裡袋。

裡側幅（正面）

裡袋（背面）

裡側幅（背面）

※縫製＆口金框裝接方法
參見P.36。

〈裝飾緞帶作法〉

摺疊緞帶。

摺雙

4

6

5

0.6cm寬
緞面緞帶
（長30cm）

手縫固定口金框。
（黑色手縫線・2股）

3.5

將環圈的尾端
縫合固定於表袋上。

棉花珍珠

在中心
塗白膠。

縫合固定。

完成！

約10

約7.5

約16

21. *photo p.22*　華麗風手提包

完成尺寸... 寬約21×高約10.5×側幅約11.5cm（不包含珠釦）

材料... 亞麻（印花）20×40cm、亞麻（黑色）20×40cm、亞麻（灰色）40×40cm、布襯40×40cm
棉襯40×40cm、0.4cm寬緞帶80cm、附鉤環鍊條（BK-42 AG／INAZUMA）、口金框17×7.6cm
（BK-1383 AG／INAZUMA）

原寸紙型... A面［21］-1表布・裡布、［21］-2表側幅・裡側幅

裁布圖...

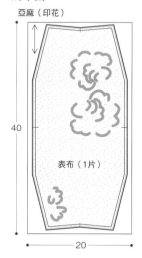

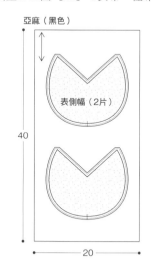

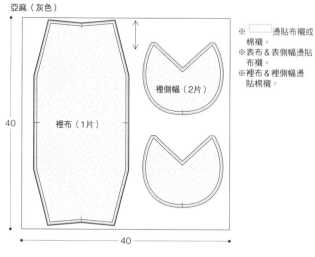

※　　　　燙貼布襯或
棉襯。
※表布＆表側幅燙貼
布襯。
※裡布＆裡側幅燙
貼棉襯。

※作法參見P.36＆P.40。

1.將表布＆表側幅正面相對縫合。

2.縫製裡袋。

3.將表袋＆裡袋正面相對，縫合袋口。

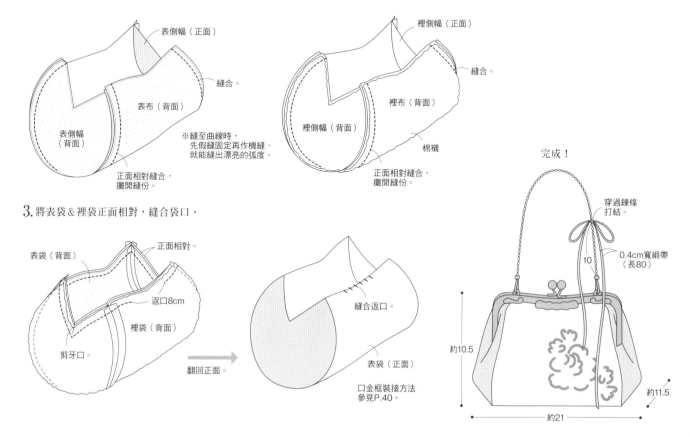

完成尺寸... 寬約32×高約12×側幅約15cm

材料... 厚棉布（印花）54×80cm、棉布（奶油色）54×80cm、棉襯50×60cm、布標2×6cm
口金框21.5×5.6cm（BK-2160 S／INAZUMA）

原寸紙型... B面［22］-1表布‧裡布、［22］-2表側幅‧裡側幅

裁布圖...

厚棉布（印花）

8　提把（2片）
54
80
表側幅（2片）
表布（2片）
摺雙
54

棉布（奶油色）

26.6
17　內口袋（1片）
80
裡側幅（2片）
裡布（2片）
摺雙
54

※▭ 燙貼布襯或棉襯。
※表布＆表側幅燙貼棉襯，裡布＆裡側幅燙貼布襯。

※包包作法參見P.63。
※口金框裝接方法參見P.40。

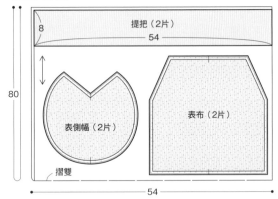

〈提把作法〉

四分褶法。
①內摺。
①內摺。

②對摺。0.2
③車縫。0.2

3　3.5
1
④縫合固定。
提把　表袋（正面）

提把
3　3.5
2.5
⑥確實縫合固定。
⑤內摺尾端。
表袋（正面）

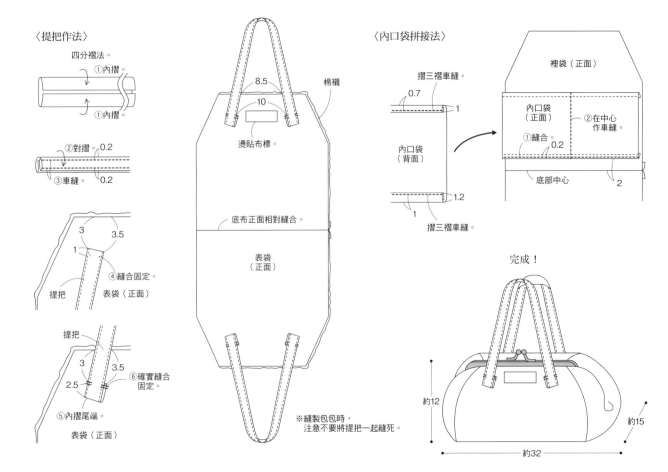

8.5
10
燙貼布標。
棉襯
底布正面相對縫合。
表袋（正面）

※縫製包包時，
注意不要將提把一起縫死。

〈內口袋拼接法〉

摺三褶車縫。
0.7
1
內口袋（背面）
1.2
1
摺三褶車縫。

裡袋（正面）
內口袋（正面）
②在中心作車縫。
①縫合　0.2
底部中心
2

完成！

約12
約15
約32

23. *photo p.24* 相機收納包

完成尺寸... 寬約12.5×高約8×側幅3.8cm

材料... 亞麻（格子）35×15cm、亞麻（深藍色）15×30cm、棉布（素色）25×30cm、布襯50×30cm DMC25號繡線774・3347・3853・3865各色適量、吊飾配件1個、2.1cm寬D圈（AK-6-21 AG／INAZUMA）1個、鉚釘1組、口金框12×5.5cm（12cm口金框・圓角17mm大玉 ATS／角田商店）

原寸紙型... B面［23］-1表布・裡布、［23］-2表側幅・裡側幅、［23］-3口袋

裁布圖...

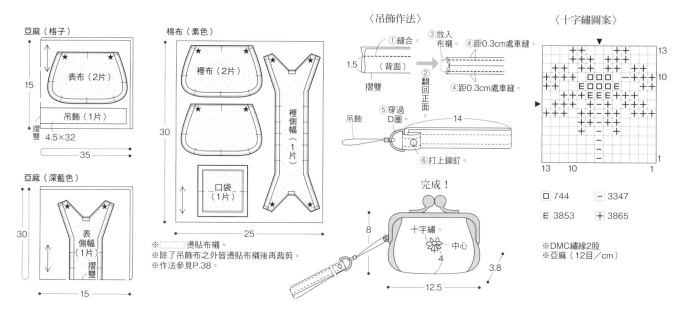

〈吊飾作法〉

〈十字繡圖案〉

☐ 744　　　－ 3347

E 3853　　　+ 3865

※DMC繡線2股
※亞麻（12目／cm）

完成！

---

25. *photo p.25* 條紋斜背包

完成尺寸... 寬約25×高約20×側幅約8cm

材料... 十字繡用布（直紋）70×34cm、山東絹90×34cm、布襯70×90cm、2.1cm寬D圈（AK-6-21 AG／INAZUMA）2個、提把（BS-1502A #25焦茶色／INAZUMA）1條、DMC25號繡線161・774・3033・3347・3721・3853・3865各色適量、口金框25×10.2cm（BK-242AG #102紅色／INAZUMA）

原寸紙型... B面［25］-1表布・裡布、［25］-2表側幅・裡側幅、［25］-3口袋、［25］-4刺繡圖案

裁布圖...

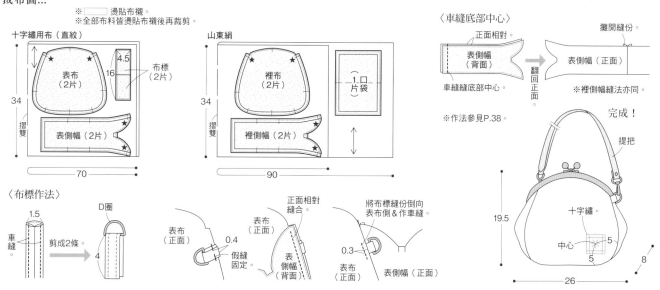

〈車縫底部中心〉

〈布標作法〉

完成！

26. *photo p.26* 飾品收納包

完成尺寸... 寬約6×高約5×側幅約4cm

材料... 綿麻（點點）‧Dangari各20×20cm、厚布襯40×20cm、0.6cm寬平織緞帶42cm、1.6cm寬平織緞帶10cm、鍊條1cm、直徑1cm珍珠1個、單圈‧T針各1個、口金框6×4.5cm（BK-671／INAZUMA）

原寸紙型... B面［26］-1表布‧裡布

裁布圖...

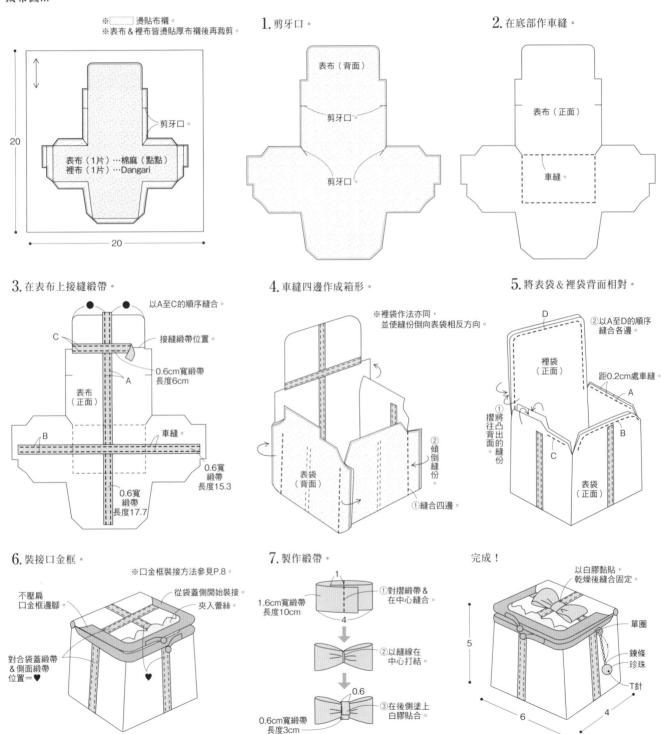

※▢▢▢ 燙貼布襯。
※表布&裡布皆燙貼厚布襯後再裁剪。

20
20

表布（1片）…棉麻（點點）
裡布（1片）…Dangari
剪牙口。

1. 剪牙口。

表布（背面）
剪牙口。
剪牙口。

2. 在底部作車縫。

表布（正面）
車縫。

3. 在表布上接縫緞帶。

以A至C的順序縫合。
C
A
接縫緞帶位置
0.6cm寬緞帶 長度6cm
表布（正面）
B
車縫
0.6寬緞帶 長度15.3
0.6寬緞帶 長度17.7

4. 車縫四邊作成箱形。

※裡袋作法亦同，並使縫份倒向表袋相反方向。
表袋（背面）
②傾倒縫份
①縫合四邊

5. 將表袋&裡袋背面相對。

D
②以A至D的順序縫合各邊。
裡袋（正面）
距0.2cm處車縫。
A
①將凸出的縫份往背面。
C
B
表袋（正面）

6. 裝接口金框。

※口金框裝接方法參見P.8。
不壓扁口金框邊腳
從袋蓋側開始裝接。夾入蕾絲
對合袋蓋緞帶&側面緞帶位置=♥

7. 製作緞帶。

1
4
1.6cm寬緞帶 長度10cm
①對摺緞帶&在中心縫合。
②以縫線在中心打結。
0.6
0.6cm寬緞帶 長度3cm
③在後側塗上白膠貼合。

完成！

以白膠點貼，乾燥後縫合固定。
5
6
4
單圈
鍊條
珍珠
T針

66

27. *photo p.27* 化妝品收納包

完成尺寸... 寬約18×高約5×側幅約7cm

材料... 刷毛布（米白色）·亞麻（點點）各35×30cm、厚布襯70×30cm、鏤空蕾絲（15×10.5cm）1片
手縫線（白色）適量、鏡子（9×6cm）1片、珍珠·直徑0.8cm×1個·直徑0.4cm×3個
口金框18.2×7.6cm（60-1 AG／まつひろ商店）

原寸紙型... B面［27］-1表布·裡布

裁布圖...

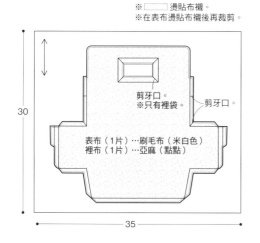

※ ▭ 燙貼布襯。
※在表布燙貼布襯後再裁剪。

剪牙口。
※只有裡袋。
剪牙口。

表布（1片）…刷毛布（米白色）
裡布（1片）…亞麻（點點）

30

35

1. 剪牙口。

②平針繡（手縫線）

剪牙口。

表布
（背面）

※裡袋作法亦同。

2. 在表布上縫上鏤空蕾絲＆珍珠。

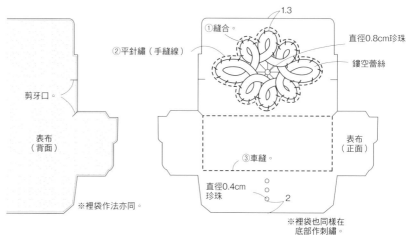

1.3
①縫合。
直徑0.8cm珍珠
鏤空蕾絲

③車縫。

表布
（正面）

直徑0.4cm
珍珠

2

※裡袋也同樣在
底部作刺繡。

3. 車縫四邊作成箱形。

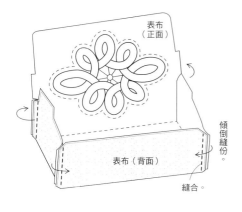

表布
（正面）

表布（背面）

傾倒縫份。

表布（背面）

縫合。

4. 縫製裡袋。

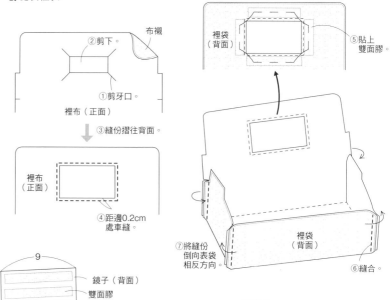

②剪下。
布襯

裡布（正面）

①剪牙口。

③縫份摺往背面。

裡布
（正面）

④距邊0.2cm
處車縫。

裡袋
（背面）

⑤貼上
雙面膠。

裡袋
（背面）

⑦將縫份
倒向表袋
相反方向。

⑥縫合。

5. 將表袋＆裡袋背面相對。

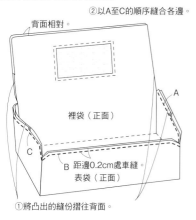

②以A至C的順序縫合各邊。

背面相對。

裡袋（正面）

A

C

B 距邊0.2cm處車縫。

表袋（正面）

①將凸出的縫份摺往背面。

9

鏡子（背面）
雙面膠

6

④縫合。

③放入鏡子，
確實貼在表袋（背面）上。

裡袋（正面）

完成！

※口金框裝接方法
參見P.8

從袋蓋側開始裝接口金框。

不壓扁
口金框邊腳。

5

7

18

28. 零錢&卡片收納包

完成尺寸... 寬約14.5×高約7.5cm（不包含珠鈕）

材料... 細平布（Liberty Bestsy）50×20cm、綿麻（粉紅色）35×20cm、布襯50×40cm、1.5cm寬蕾絲40cm、直徑1.7cm花形鈕釦1個、直徑1cm鈕釦2個、口金框12.2×6cm（SK-13-AG／日本紐釦）

原寸紙型... B面 [28]-1表布・裡布、 [28]-2卡片口袋、 [28]-3蛇腹

裁布圖...

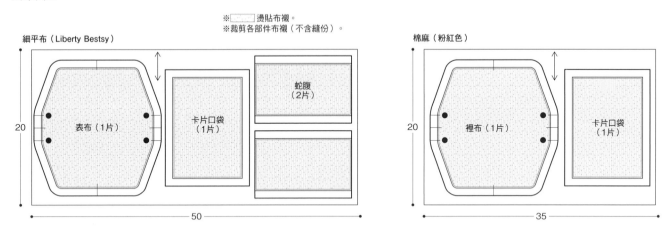

1. 摺製蛇腹。

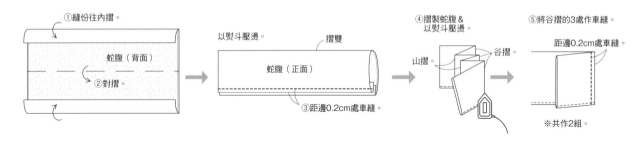

2. 縫製卡片口袋。

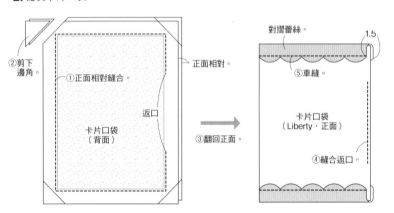

3. 將卡片口袋夾在蛇腹間接縫。

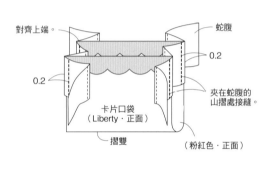

4. 縫製表袋。

中心

●…開口止縫點

車縫。

1.5cm寬蕾絲

表布
（正面）

正面相對將脇邊縫合至●，攤開縫份。

正面相對。

表布
（背面）

縫合。　摺雙　縫合。

※裡袋作法亦同。

5. 表袋 & 裡袋正面相對合。

②剪牙口　正面相對。　表袋（正面）

返口7cm

裡袋（背面）

①留下返口不縫，縫合一圈。

③翻回正面。

⑤縫合返口。　⑥對側也作車縫。

表袋（正面）

④以熨斗壓燙 & 調整形狀。

⑦在蛇腹接縫位置標上記號。

裡袋（正面）

蛇腹
接縫位置　蛇腹
接縫位置

6. 在表袋背面接縫蛇腹。

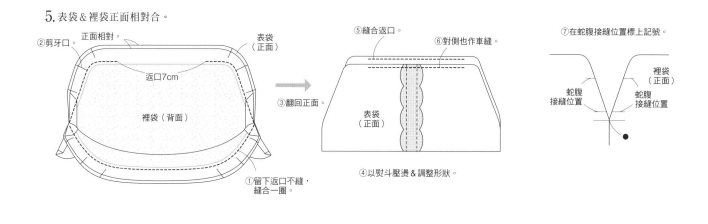

①　①縫合。

蛇腹

裡袋（正面）

0.2

②　蛇腹

②車縫相反側。

7. 裝接口金框。

※口金框裝接方法參見P.40。

完成！

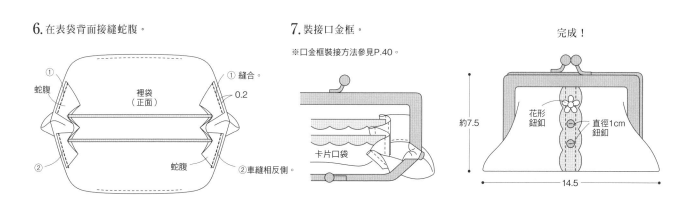

卡片口袋

約7.5

花形鈕釦

直徑1cm鈕釦

14.5

29. *photo p.29*　Liberty印花長夾

完成尺寸... 寬約21.5×高約9.5cm（不包含珠鈕）

材料... ＜A＞塑膠防水布（Liberty Emily）30×30cm、細平布（Liberty Emily）65×30cm
　　　　　　棉麻（海軍藍星星）30×40cm、棉麻（金色星星）55×40cm、亞麻（原色）45×10cm
　　　　　＜B＞細平布（Liberty Puff）95×40cm、棉布（點點深藍）50×30cm、棉布（點點白色）
　　　　　　45×10cm、布標1片、直徑0.5cm鈕釦2個
　　　　　＜AB共通＞布襯100×70cm、0.8cm寬滾邊布25cm、長16cm拉鍊1條、口金框21×9.3cm
　　　　　　（21×9cm長腳圓角口金框 B／角田商店）

原寸紙型... B面 ［29］-1表布・裡布、［29］-2卡片口袋、［29］-3零錢收納袋、［29］-4蛇腹A、［29］-5蛇腹B

裁布圖...

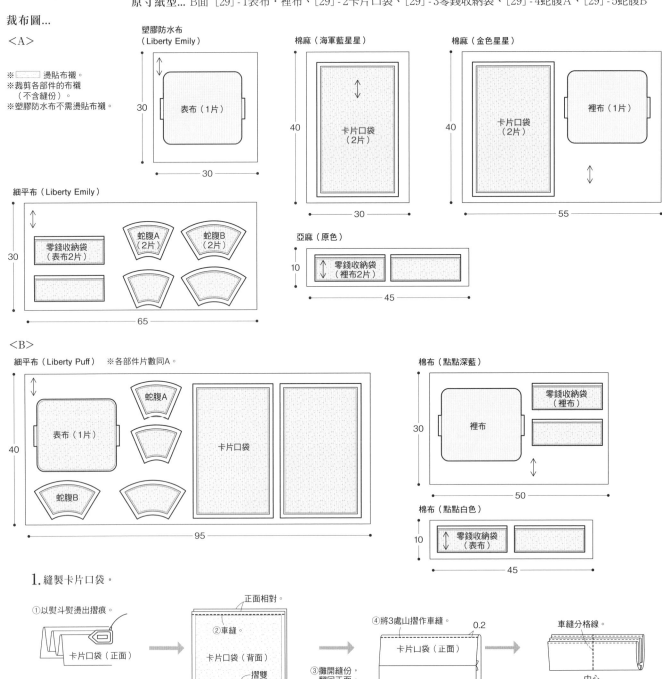

1. 縫製卡片口袋。

①以熨斗熨燙出摺痕。

正面相對。

②車縫。

卡片口袋（正面）

卡片口袋（背面）

摺雙

③攤開縫份，翻回正面。

④將3處山摺作車縫。

0.2

卡片口袋（正面）

車縫分格線。

中心

※共作2組。

70

2. 在裡布上接縫卡片口袋。

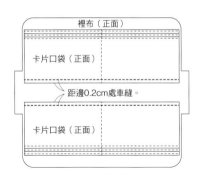

裡布（正面）
卡片口袋（正面）
距邊0.2cm處車縫。
卡片口袋（正面）

3. 將表布＆裡布正面相對縫合。

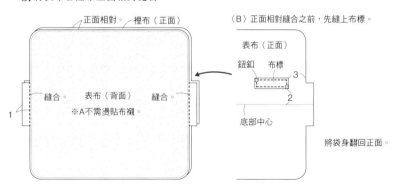

正面相對。　裡布（正面）
縫合　表布（背面）　縫合
1
※A不需燙貼布襯。

〈B〉正面相對縫合之前，先縫上布標。

表布（正面）
鈕釦　布標
3
2
底部中心

將袋身翻回正面。

4. 縫製蛇腹。

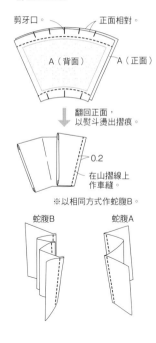

剪牙口。　正面相對。
A（背面）　A（正面）

翻回正面，
以熨斗燙出摺痕。

0.2
在山摺線上
作車縫。

※以相同方式作蛇腹B。

蛇腹B　　蛇腹A

5. 縫製零錢收納袋。

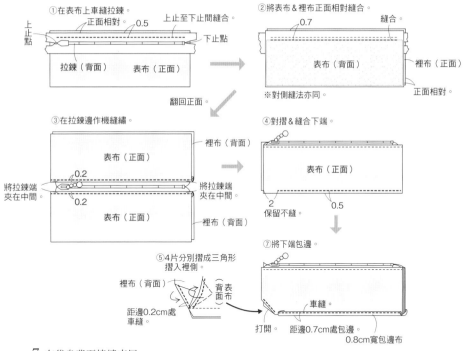

①在表布上車縫拉鍊。
上止至下止間縫合。
上止點　正面相對。　0.5
拉鍊（背面）　表布（正面）　下止點

②將表布＆裡布正面相對縫合。
0.7　縫合
表布（背面）　裡布（正面）
※對側縫法亦同。　正面相對。

翻回正面。

③在拉鍊邊作機縫繡。
裡布（背面）
表布（正面）
0.2
將拉鍊端夾在中間。　將拉鍊端夾在中間。
0.2
表布（正面）　裡布（背面）

④對摺＆縫合下端。
表布（正面）
2　0.5
保留不縫。

⑤4片分別摺成三角形摺入裡側。
裡布（背面）　背表面布
距邊0.2cm處車縫。

⑦將下端包邊。
車縫。
打開。　距邊0.7cm處包邊。
0.8cm寬包邊布

6. 將零錢收納包夾在蛇腹接縫間。

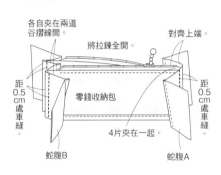

各自夾在兩道谷摺線間。
將拉鍊全開。　對齊上端。
距0.5cm處車縫　零錢收納包　距0.5cm處車縫
4片夾在一起。
蛇腹B　　蛇腹A

7. 在袋身背面接縫夾層。

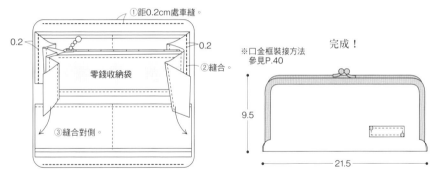

①距0.2cm處車縫。
0.2　0.2
零錢收納袋
②縫合。
③縫合對側。

※口金框裝接方法
參見P.40

完成！

9.5
21.5

30. *photo p.30* 牛仔口袋口金包

完成尺寸... 寬14.5×高約10.8cm（不包含珠鈕）

材料... 牛仔布22×34cm、棉布（印花）40×30cm·（點點）16×24cm、厚布襯22×34cm、布襯
40×30cm、1.5cm寬緞帶1.5cm、30號手縫線（刺繡用）、口金框13×5.5cm（F63 ATS／角田商店）

原寸紙型... B面［30］-1親口金包表布·裡布、［30］-2子口金包表布·裡布、［30］-3口袋

裁布圖...

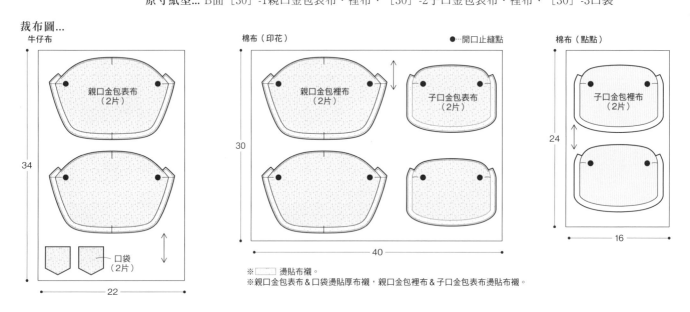

※ ▭ 燙貼布襯。
※親口金包表布＆口袋燙貼厚布襯，親口金包裡布＆子口金包表布燙貼布襯。

1. 將子口金包表布＆裡布各自正面相對。

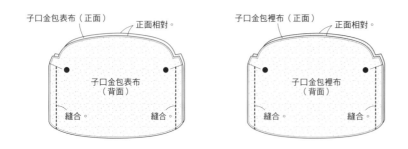

3. 將子口金包表布＆裡布正面相對。

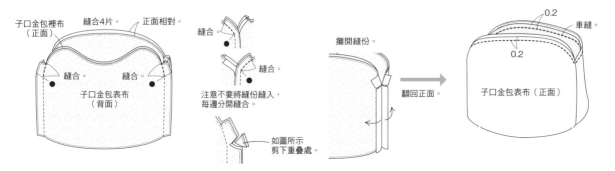

72

4. 縫製親口金包裡袋。

親口金包裡袋（正面）

子口金包表布（正面）

對合記號。

0.5 　　假縫固定。

↓

正面相對。

子口金包

親口金包裡袋（背面）

對合記號。

從●車縫至●。

※攤開縫份，翻回正面。

5. 縫製親口金包表袋。

縫製口袋。

0.5

內摺　口袋（背面）

距邊0.3cm處車縫。

1.2

0.2

口袋（正面）

車縫。

親口金包表袋（正面）

中心

0.6　夾入緞帶。

距邊0.2cm處車縫。

0.4

對摺緞帶。

1.5

1.5

※僅在前側片縫上裝飾口袋。
※以30號手縫線繡製裝飾線。

正面相對。

親口金包表袋（背面）

從●車縫至●。

※攤開縫份。

6. 將親口金包表袋 & 裡袋正面相對。

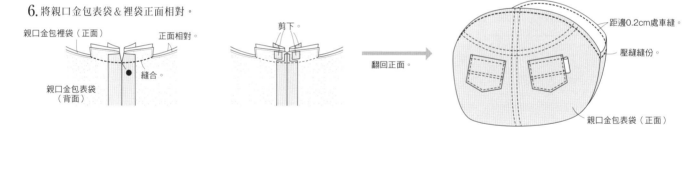

親口金包裡袋（正面）

正面相對。

親口金包表袋（背面）

縫合。

剪下。

翻回正面。

距邊0.2cm處車縫。

壓縫縫份。

親口金包表袋（正面）

7. 裝接子口金包口金框。

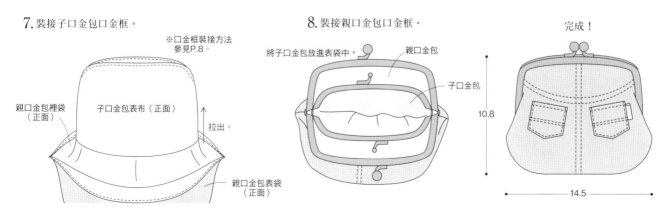

※口金框裝接方法參見P.8。

親口金包裡袋（正面）

子口金包表布（正面）

拉出。

親口金包表袋（正面）

8. 裝接親口金包口金框。

將子口金包放進表袋中。　親口金包

子口金包

完成！

10.8

14.5

73

蕾絲點點口金包

完成尺寸... 寬23.5×高約16.5×側幅6cm（不包含珠鈕）

材料... 亞麻（點點）34×46cm、棉布（印花）85×45cm、棉布（點點）70×25cm、單膠棉襯34×46cm
布襯100×70cm、16cm長拉鍊1條、3cm寬蕾絲30cm、2cm寬皮帶32cm、鉚釘‧鉤環各2個
口金框20.9×8cm（親子口金框20.4cm‧附鉤環 N／角田商店）

原寸紙型... B面〔31〕-1親口金包表布‧裡布、〔31〕-2子口金包表布‧裡布、〔31〕-3單膠棉襯（親口金包表布用）

裁布圖...

亞麻（點點）

46
親口金包表布
（2片）
摺雙
34

單膠棉襯

46
親口金包表布用
（2片）
摺雙
34

棉布（印花）　　　　●…開口止縫點

摺雙
親口金包裡布
（2片）
45
子口金包表布
（2片）

17.5
內口袋A
19
縫份

85

棉布（點點）

25
子口金包裡布
（2片）
摺雙
70

17
內口袋B
18
1
縫份

※▨▨▨ 燙貼布襯。
※除了內口袋之外的布料皆燙貼布襯之後再裁剪。

1. 在親口金包表布燙貼單膠棉襯。

②燙貼單膠棉襯。
親口金包表布
（正面）
布襯
3cm寬蕾絲
①縫合固定。
（只有前側）　6.5

2. 縫製內口袋。

摺雙
一半燙貼上布襯
內口袋（背面）
返口8cm
縫合
1

翻回正面。

0.2　②車縫。
內口袋B
①縫合返口。
③車縫兩脇邊
&底部。
2

拉鍊（背面）　②縫合
0.7
內摺邊端。
內口袋A（背面）
16
①縫合返口。

子口金包裡袋
（正面）
0.5　③車縫
（正面）

（背面）
5.5
④縫合。

親口金包裡袋（正面）
（正面）
0.2
⑤縫合。

3. 縫製子口金包。

正面相對。
子口金包表布
（背面）
車縫　　　車縫
1
※子口金包裡布作法亦同。

將表布&裡布
正面相對。
裡布
（正面）
縫合
表布
（背面）
車縫
0.2

翻開攤正面縫份。

表布
（正面）

4. 縫製裡袋。

親口金包裡袋（正面）
子口金包
對合記號。
0.5
假縫固定。

親口金包裡袋（背面）
③車縫脇邊，攤開縫份。　③
①縫合底部，攤開縫份。
0.5　②修剪子口金縫份。
④車縫側幅。

5. 縫製表袋。

正面相對。
親口金包表布
（正面）
③車縫脇邊，攤開縫份。　③
親口金包表布
（背面）
④修剪單膠棉襯縫合縫線邊
①車縫底部。
②攤開縫份後車縫。
0.5
底

6. 將表袋&裡袋正面相對。

親口金包裡袋（正面）
剪下。
正面相對。
親口金包表袋
（背面）
縫合

翻回正面。

⑤車縫側幅。
0.2
車縫袋口。（正面）

7. 裝接口金框。

親子口金框
親口金
子口金

※口金框裝接方法
參見P.40。

完成！

2cm寬皮帶
（32cm）
鉤環　　鉚釘
單圈
16.5
23.5
6

32. *photo p.32* 零錢收納包

完成尺寸... 寬約10×高約8.3cm（不包含珠鈕）
材料... 棉布亞麻（條紋）17×24cm、棉布（點點・小鳥）各30×12cm、布襯30×25cm
口金框9.5×4.7cm（F62 ATS／角田商店）
原寸紙型... B面［32］-1表布・裡布、［32］-2隔層布

裁布圖...

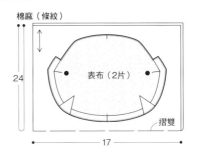

棉麻（條紋）
24
表布（2片）
摺雙
17

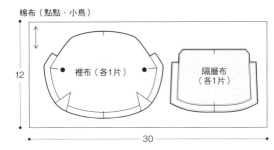

棉布（點點・小鳥）
12
裡布（各1片）
隔層布（各1片）
30

※ □ 燙貼布襯。
※表布＆隔層布皆燙貼布襯後再裁剪。
●…開口止縫點

1. 車縫褶襉。

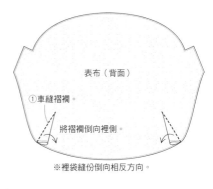

表布（背面）
①車縫褶襉。
將褶襉倒向裡側。
※裡袋縫份倒向相反方向。

2. 兩片表袋布正面相對。

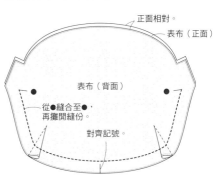

正面相對。
表布（正面）
表布（背面）
從●縫合至●，再攤開縫份。
對齊記號。

3. 縫製隔層。

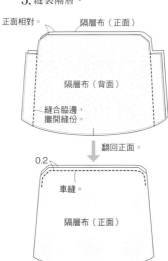

正面相對。
隔層布（正面）
隔層布（背面）
縫合脇邊，攤開縫份。
翻回正面。
0.2
車縫。
隔層布（正面）

4. 縫製裡袋。

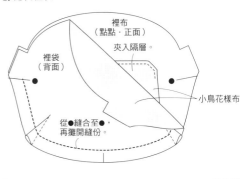

裡布（點點・正面）
夾入隔層。
裡袋（背面）
小鳥花樣布
從●縫合至●，再攤開縫份。

5. 將表袋＆裡袋正面相對。

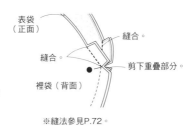

表袋（正面）
縫合。
縫合。
剪下重疊部分。
裡袋（背面）
※縫法參見P.72。

6. 翻回正面，縫合開口。

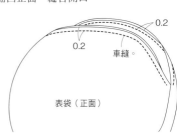

0.2
0.2
車縫。
表袋（正面）

7. 裝接口金框。

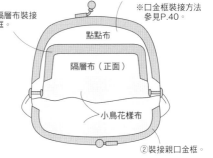

裡袋（正面）
①拉出隔層布裝接口金框。
※口金框裝接方法參見P.40。
點點布
隔層布（正面）
小鳥花樣布
②裝接親口金框。

完成！

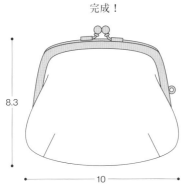

8.3
10

卡片收納包

完成尺寸... 寬約10.8×高約7cm（不包含珠鈕）
材料... 塑膠防水布（花朵）・尼龍材質各25×10cm、口金框10.2×6cm
（L-2天溝L形卡片收納包用G／まつひろ商店）

裁布圖...

表布…塑膠防水布（花朵）
裡布…尼龍材質

9

24

※裁剪。

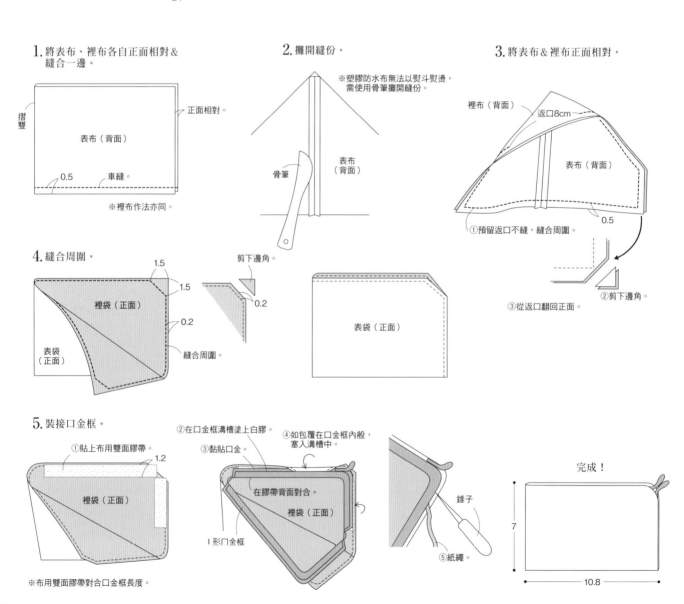

1. 將表布、裡布各自正面相對＆縫合一邊。

摺雙

表布（背面）

正面相對。

0.5　　車縫。

※裡布作法亦同。

2. 攤開縫份。

※塑膠防水布無法以熨斗熨燙，需使用骨筆攤開縫份。

骨筆

表布（背面）

3. 將表布＆裡布正面相對。

裡布（背面）

返口8cm

表布（背面）

0.5

①預留返口不縫，縫合周圍。

②剪下邊角。

③從返口翻回正面。

4. 縫合周圍。

1.5
1.5
0.2

裡袋（正面）

表袋（正面）

剪下邊角。

0.2

縫合周圍。

表袋（正面）

5. 裝接口金框。

①貼上布用雙面膠帶。
1.2

裡袋（正面）

※布用雙面膠帶對合口金框長度。

②在口金框溝槽塗上白膠。
③黏貼口金。
④如包覆在口金框內般，塞入溝槽中

在膠帶背面對合。

裡袋（正面）

I形口金框

⑤紙繩。

錐子

完成！

7

10.8

完成尺寸... 寬約21×高約12cm（不包含珠鈕）
材料... Grosgrainmoire（粉紅色）·尼龍材質各46×15cm、緹花布（紫色）30×25cm
棉襯25×10cm、口金框15.7×6.3cm（L-1天溝L形G／まつひろ商店）

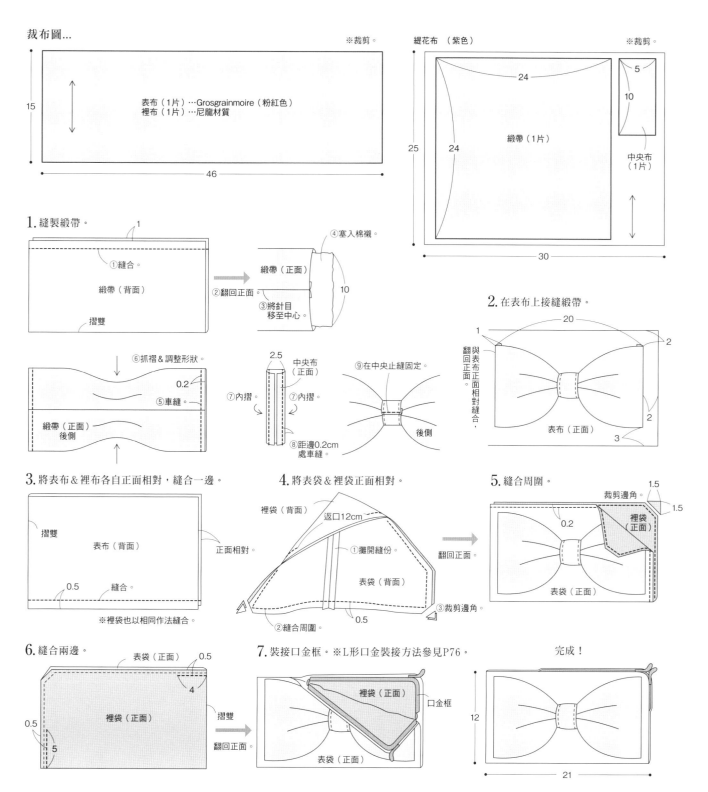

35. *photo p.34* 復古印花斜背包

完成尺寸... 寬約34×高約20×側幅5cm（不包含珠鈕）

材料... 棉布（印花）50×40cm、亞麻（藍色）60×70cm、亞麻（原色）100×50cm、棉襯100×50cm
2cm寬壓克力帶子141cm、2cm寬鉤環（AK-19-20 AG／INAZUMA）・D圈各2個、直徑0.5cm
木頭珠3個、口金框（大）25×10.2cm（BK-242AG #0象牙色／INAZUMA）・（小）7.8×4.5
cm（BK-772／INAZUMA）

原寸紙型... B面 [33]-1前側表布・後側表布・裡布、[33]-2（小）前側表布・（小）前側裡布、
[33]-3（小）後側表布・（小）後側裡布

裁布圖...

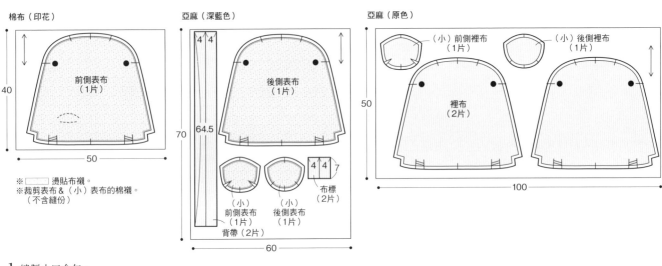

棉布（印花）

※□□□ 燙貼布襯。
※裁剪表布＆（小）表布的棉襯。
（不含縫份）

1. 縫製小口金包。

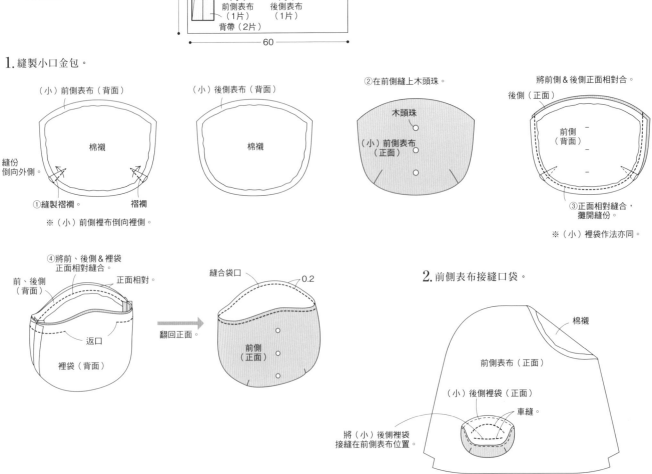

2. 前側表布接縫口袋。

3. 縫製表布＆裡布的褶襉。

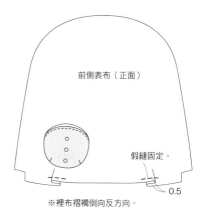

前側表布（正面）

假縫固定。

0.5

※裡布褶襉倒向反方向。

4. 車縫表布底部。

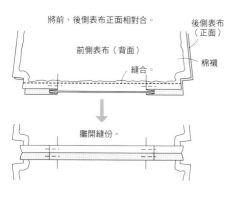

將前、後側表布正面相對合。

前側表布（背面）

後側表布（正面）

縫合。

棉襯

攤開縫份。

5. 縫合脇邊＆側幅。

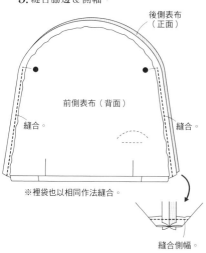

後側表布（正面）

前側表布（背面）

縫合。

縫合。

※裡袋也以相同作法縫合。

縫合側幅。

6. 縫製背帶＆吊環。

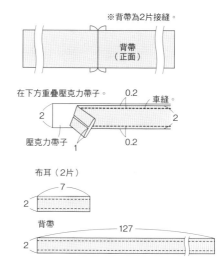

※背帶為2片接縫。

背帶（正面）

在下方重疊壓克力帶子。

0.2

車縫。

2

2

壓克力帶子

1

0.2

布耳（2片）

7

2

背帶

127

2

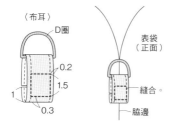

〈布耳〉

D圈

0.2

1.5

1

0.3

表袋（正面）

縫合。

脇邊

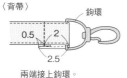

〈背帶〉

鉤環

0.5

2

2.5

兩端接上鉤環。

7. 將表袋＆裡袋正面相對縫合。

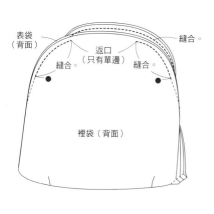

表袋（背面）

縫合。

縫合。

返口（只有單邊）

縫合。

裡袋（背面）

8. 翻回正面，縫合袋口。

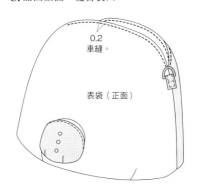

0.2

車縫。

表袋（正面）

9. 裝接口金框。

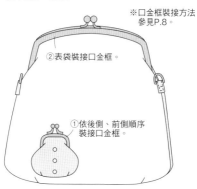

※口金框裝接方法參見P.8。

②表袋裝接口金框。

①依後側、前側順序裝接口金框。

完成！

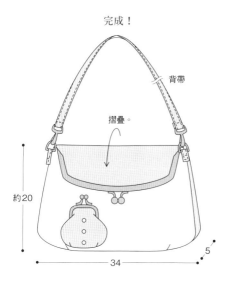

背帶

摺疊。

約20

34

5

輕·布作 26

製作技巧大破解！一作就愛上の可愛口金包（暢銷版）

授　　　權／日本VOGUE社
譯　　　者／莊琇雲
發 行 人／詹慶和
選 書 人／Eliza Elegant Zeal
執行編輯／陳姿伶
編　　　輯／蔡毓玲·劉蕙寧·黃璟安
封面設計／翟秀美·周盈汝
美術編輯／陳麗娜·韓欣恬
內頁排版／造極
出 版 者／Elegant-Boutique新手作
發 行 者／悅智文化事業有限公司
郵政劃撥帳號／19452608
戶　　　名／悅智文化事業有限公司
地　　　址／新北市板橋區板新路206號3樓
電　　　話／(02)8952-4078
傳　　　真／(02)8952-4084
網　　　址／www.elegantbooks.com.tw
電子信箱／elegant.books@msa.hinet.net

2014年9月初版一刷
2020年9月二版一刷　定價320元

GAMAGUCHI GA IPPAI IRONNA KATACHI & SIZE GA TSUKURERU(NV80359)
Copyright © NIHON VOGUE-SHA 2013
All rights reserved.
Photographer：Yukari Shirai, Yuki Morimura, Kana Watanabe
Original Japanese edition published in Japan by Nihon Vogue Co., Ltd.
Traditional Chinese translation rights arranged with Nihon Vogue Co., Ltd.
through Keio Cultural Enterprise Co., Ltd.
Traditional Chinese edition copyright © 2014 by Elegant Books Cultural
Enterprise Co., Ltd.

經銷／易可數位行銷股份有限公司
地址／新北市新店區寶橋路235巷6弄3號5樓
電話／(02)8911-0825　傳真／(02)8911-0801

國家圖書館出版品預行編目(CIP)資料

一作就愛上の可愛口金包：製作技巧大破解! /日本
VOGUE社授權；莊琇雲譯. -- 二版. -- 新北市：新手
作出版：悅智文化發行, 2020.09
　面；　公分. -- (輕.布作；26)
ISBN 978-957-9623-55-1(平裝)

1.手提袋 2.手工藝

426.7　　　　　　　　　　　　　　109011515

Design & Make
伊藤由香（＊Coko Works＊）
http://ameblo.jp/coko-works/
岡田桂子（flico）
http://flico-clothing.jp/
くぼでらようこ（dekobo工房）
http://www.dekobo.com/
すずきあいこ
http://kuuki000.tumblr.com/
田中智子（LUNANCHE）
http://www6.plala.or.jp/natural_tw/
茂住結花（mocha）
http://www.geocities.jp/jymoz/
安田由美子（NEEDLEWORK LAB）
http://mottainaimama.blog96.fc2.com/
ヨシコ
米田亜里（mini-poche）
http://minipoche.cocolog-nifty.com/blog/
Love＊Lemoned＊
http://lovelemon0.blog120.fc2.com/

Staff
攝影／白井由香里（封面·單格）
　　　森村友紀（製作·單格）
　　　渡辺華奈（製作·單格）
設計／アベユキコ
造型／奧田佳奈(Koa Hole)
作法解説／鈴木さかえ
製圖／木下春圭·関和之（株式會社ウエイド）
編輯協力／加藤みゆ紀

Elegantbooks
以閱讀，
享受幸福生活

雅書堂
EB 新手作

雅書堂文化事業有限公司
22070新北市板橋區板新路206號3樓
facebook 粉絲團:搜尋 雅書堂
部落格 http://elegantbooks2010.pixnet.net/blog
TEL:886-2-8952-4078 ・ FAX:886-2-8952-4084

輕·布作 24
簡單。好作
初學35枚和風布花設計
（暢銷版）
福清◎著
定價280元

輕·布作 25
從基本款開始學作61款手作包
自己輕鬆製作簡單＆可愛の收納包
（暢銷版）
BOUTIQUE-SHA◎授權
定價280元

輕·布作 26
製作技巧大破解！
一作就愛上の可愛口金包
（暢銷版）
日本VOGUE社◎授權
定價320元

輕·布作 28
實用滿分，不只是裝可愛！
肩背＆手提ok的大容量口
金包手作提案30選（暢銷
版）
BOUTIQUE-SHA◎授權
定價320元

輕·布作 29
超圖解！
個性＆設計感十足の94枚
可愛布作徽章×別針×胸花
×小物
BOUTIQUE-SHA◎授權
定價280元

輕·布作 30
簡單·可愛·超開心手作！
袖珍包兒×雜貨の迷你布
作小世界（暢銷版）
BOUTIQUE-SHA◎授權
定價280元

輕·布作 31
BAG & POUCH·新手簡單作！
一次學會25件可愛布包＆
波奇小物包
日本ヴォーグ社◎授權
定價300元

輕·布作 32
簡單才經典！
自己作35款開心背著走的手作布
作
BOUTIQUE-SHA◎授權
定價280元

輕·布作 33
Free Style！
手作39款可動式收納包
看波奇包和變髮小腰包、包中包、小提包、
斜背包……方便又可愛！
BOUTIQUE-SHA◎授權
定價280元

輕·布作 34
實用度最高！
設計感滿點的手作波奇包
日本VOGUE社◎授權
定價350元

輕·布作 35
妙用墊肩作の
37個軟Q波奇包
2片墊肩→1個包，最簡便的防撞設
計！化妝包·3C包最佳選擇！
BOUTIQUE-SHA◎授權
定價280元

輕·布作 36
非玩「布」可！挑喜歡的
布·作自己的包
60個簡單＆實用的基本款人氣包＆布
小物，開始學布作的60款新手練習
本橋よしえ◎著
定價320元

輕·布作 37
NINA娃娃的服裝設計80+
獻給娃媽們～享受換裝、造型、扮演
故事的手作遊戲
HOBBYRA HOBBYRE◎著
定價380元

輕·布作 38
輕便出門剛剛好の人氣斜背
包
BOUTIQUE-SHA◎授權
定價280元

輕·布作 39
這個包不一樣！幾何圖形玩創意
超有個性的手作包27選
日本ヴォーグ社◎授權
定價320元

輕·布作 40
和風布花の手作時光
從基礎開始學作和風布花の
32件美麗飾品
かくた まさこ◎著
定價320元

輕·布作 41
玩創意！自己動手作
可愛又實用的
71款生活感布小物
BOUTIQUE-SHA◎授權
定價320元

輕·布作 42
每日的後背包
BOUTIQUE-SHA◎授權
定價320元

輕·布作 43
手縫可愛の繪本風布娃娃
33個給你最溫柔陪伴的布娃兒
BOUTIQUE-SHA◎授權
定價350元

輕·布作 44
手作系女孩の
小清新布花飾品設計
BOUTIQUE-SHA◎授權
定價320元

輕·布作 45
花系女子の
和風布花飾品設計
かわらしや◎著
定價320元

輕·布作 46
簡單直裁の
43堂布作設計課
新手ok！快速完成！超實用布小物！
BOUTIQUE-SHA◎授權
定價320元

卡哇伊！